春

夏

秋

冬

导读版

# 森林报

[苏] 维·比安基 著
刘艳春 陈妙然 刘 萌 译

中国大百科全书出版社 知识出版社

**图书在版编目（CIP）数据**

森林报：导读版 /（苏）维·比安基著；刘艳春，陈妙然，刘萌译. -- 北京：知识出版社，2022.2
ISBN 978-7-5215-0527-6

Ⅰ. ①森… Ⅱ. ①维…②刘…③陈…④刘… Ⅲ. ①森林—少儿读物 Ⅳ. ① S7-49

中国版本图书馆 CIP 数据核字（2022）第 030699 号

**森林报：导读版**

[苏] 维·比安基 著　　刘艳春　陈妙然　刘　萌　译

---

**出 版 人**　姜钦云
**丛书策划**　李默耘
**图书统筹**　李现刚　王云霞
**责任编辑**　易晓燕
**责任印制**　李宝丰
**出版发行**　知识出版社
**地　　址**　北京市西城区阜成门北大街 17 号
**邮　　编**　100037
**网　　址**　http://www.ecph.com.cn
**电　　话**　010-88390659
**印　　刷**　北京天恒嘉业印刷有限公司
**开　　本**　710 毫米 ×1000 毫米　1/16
**字　　数**　270 千字
**印　　张**　20.25
**版　　次**　2022 年 3 月第 1 版
**印　　次**　2024 年 1 月第 6 次印刷
**书　　号**　ISBN 978-7-5215-0527-6
**定　　价**　35.00 元

---

# 本书资料卡

## 一本关于大自然的美丽百科全书

在美育的教育功能日益得到彰显的今天，我们急不可待地把这本《森林报》推荐给大家，首要的原因在于这是一本既能拓展我们知识面又能提高审美的“关于大自然的百科全书”！

首先，你能从中学习到许多课堂上学不到的自然科普知识，比如二十四节气有关的知识、动物迁徙的知识、植物御寒的知识、人类狩猎的知识，等等。我们能认识丰富多彩的植物世界，“多识于鸟兽草木之名”，除了艳丽的花朵，还有林林总总惹人喜爱的浆果，还有森林里乔木和小草的营养争夺大战；能进入妙趣横生的动物天地，原来鸟类会错养别人的孩子，狡猾的熊会变着法地戏弄人类，狼有惊人的团队作战能力。

其次，这本书能提高你的艺术审美能力，大量色彩词的使用使你眼前一亮，原来世界如此明艳动人；动物的情感会温煦你蒙尘的内心，原来小小的生灵也那么天真无邪。

总之，通过阅读本书，不知不觉间，你会发现你的知识面更广了，对大自然更热爱了。这就是阅读这本“大自然的百科全书”带给你的全面改变、多维度赋能。

## 一本能提高你写作能力的课外读物

当然，《森林报》绝不仅仅是一本能提高你审美和情怀的自然“长诗”，还是一件能快速有效提升你写作能力的绝佳“神器”。

大量修辞手法的使用，让你切身感受到修辞的魅力，学以致用。你会发现，你的描摹能力提高了。比如，把每一年都比喻为一首长诗；赋予冬天以性格，说它“认输了”……因为这样的修辞手法，自然万物都被写“活”了，灵动了。

细节描写的成功，让读者仿佛身临其境。在作者笔下，一阵风，一棵树，一片寂静的雪地，一只蚂蚁，一根鸟羽，都那么丰富多彩，包罗万象，动静有致，不可方物。感受细节的美好，才能模仿、靠近，一天天地成为描摹大师。

总之，这本书中既有广博的知识，又有美丽的风景，还有厚重的情感，还有前所未有的写作实用性。

原作由于成书年代较早，受时代局限，虽然也强调人和自然的和谐相处，但当时津津乐道的狩猎等行为，部分已经不再适合现下的环保理念。另外，书中也保留了当时地名的叫法。希望小读者们获得美好的阅读享受。

# 目录

## No. 3　载歌载舞（春季第三月）



## No. 4　安家筑巢月（夏季第一月）



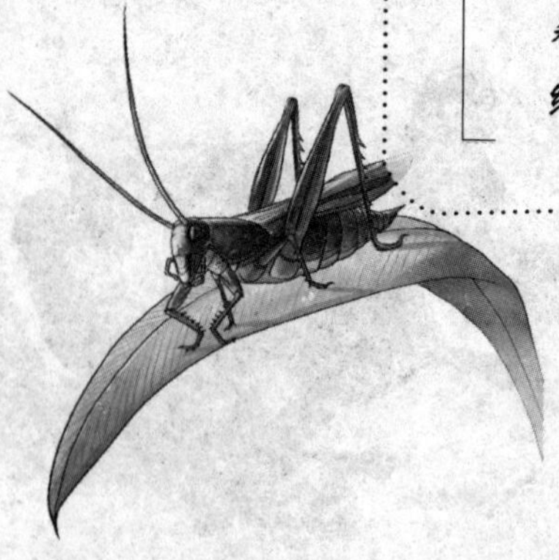

## No. 7 候鸟离乡月（秋季第一月）



## No. 8 储备粮食月（秋季第二月）



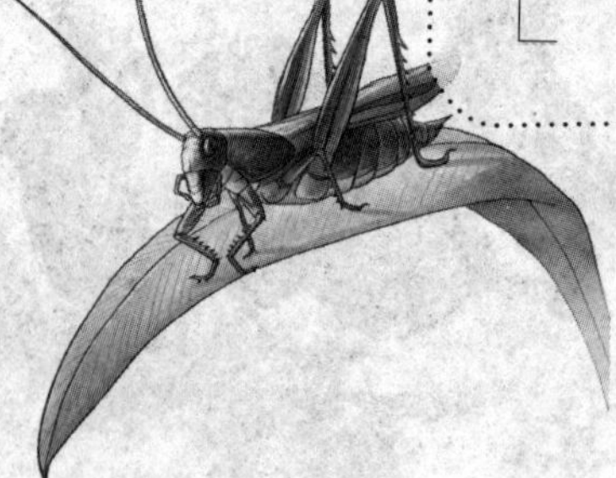

## No. 9 冬客拜访月（秋季第三月）



## No. 10 白雪皑皑月（冬季第一月）

## No. 11　忍饥挨饿月（冬季第二月）



## No. 12　忍冬盼春月（冬季第三月）

# No. 1

## 冬眠苏醒月

（春季第一月）

## 每一年都是一首长诗，一首由十二个章节组成的太阳诗篇

**文前小问号**

你认为，春季第一月是几月？你对春季的印象是什么？

三月二十一日是春分日。在这一天，白天和黑夜同样长：十二个小时是白天，十二个小时为黑夜。森林在这一天庆祝自己的新年，春天来了！

民间说，三月是温床，是滴管。从这个月开始，太阳开始战胜冬天。雪慢慢变得疏松、多孔，变成灰色，再也不是冬天的样子了。它认输了！从颜色上看就知道，夏天不远了。屋檐上悬垂着的冰锥滴答、滴答地往下流水……地上的水洼里，小麻雀们正欢快地扑腾着洗去羽毛上冬季残留的污垢。花园里传来山雀银铃般的叫声。

**知识锦囊**

春分是二十四节气之一。在天文学上和气候学上都有非常重要的意义。春分后，气候温和，雨水充沛，阳光明媚。我国北方大部分地区都进入明媚的春天。

**拟人**

把冬天人格化，赋予冬天人的特征，具有人的思想、感情和行为，说“它认输了”。

春天乘着太阳的翅膀来到我们身边。它有一套很严格的工作程序，要做的第一件事就是解冻大地、融化地上的积雪。而河水暂时还要在冰下沉睡，森林也依然要被白雪覆盖。

根据古老的俄罗斯传统，在三月二十一日的早上，人们要烤制“云雀”。这是一种小鸟形状的面包，上面有鸟嘴，还有用葡萄干做成的眼睛。在这一天，人们会放飞鸣禽。而按照新的惯例，从这一天开始，我们迎来了“鸟儿月”。孩子们把这个月献给我们的鸟类朋友，他们在树上为鸟儿安放数千个爱鸟屋，有椋鸟的、山雀的，等等。他们用枝条编织鸟巢，为这些可爱的小客人投放食物；他们还在学校和俱乐部做报告，讲述这些鸟类大军如何守护我们的森林、田野、花园和菜地，告诉人们应如何保护并热情招待这些长着羽毛的快乐歌唱家。

春天来了，冰雪融化，小鸡在家门口就有充足的水喝。

**双引号的使用**

“鸟儿月”中双引号的作用是表示特定称谓。

**点评**

从中可见孩子们对鸟类的友爱，他们把鸟儿当作自己的朋友，并通过丰富多彩的形式善待它们，真令人感动，值得我们学习。

# 森林里的故事

## 白嘴鸦带来了春天

开启春天大门的是白嘴鸦。在冰消雪释的大地上，出现了一群群的白嘴鸦。

它们在南方度过了冬天，而现在又迫不及待地想要飞回北方，回到自己的故乡。回乡途中，它们不止一次遭遇猛烈的暴风雪，数十只、上百只鸟儿精疲力竭，最后死于途中。

最强壮的一批白嘴鸦最早飞了回来。现在，它们正在休息。它们趾高气扬，踱来踱去，用坚硬的嘴啄着脚下的土地。

之前笼罩整个天空的乌云散去了，湛蓝的天空中飘着一团团积云，好像一个个大雪堆。森林里第一批小野

**字词释义**

迫不及待：意思是急迫得不能等待。形容心情急切。

**字词释义**

精疲力竭：精神非常疲劳，体力消耗已尽，形容极度疲乏。

**行为描写**

精彩的行为描写为读者展现出最早回到故乡后的白嘴鸦自信满满的样子。

兽出生了，麋鹿和狍子长出了新的犄角，黄雀、山雀和戴菊莺开始歌唱，而云雀和椋鸟也即将到来。在一棵被连根拔起的云杉树的树根下，我们发现了一个熊穴。我们将轮流看守，报道这只熊的出没。融化的雪水汇成水流，在冰下慢慢聚集。森林中到处都在滴水，那是因为树上的雪在融化，而每到晚上，水又会重新凝结成冰。

**环境描写**

描写了春分后，森林里冰雪融化的清新迷人景象。

## 雪中幼崽

大地上还覆盖着积雪，而兔妈妈已经生下了宝宝。

兔宝宝一生下来眼睛就能看清东西，身上裹着温暖的皮毛。它们出生就会跑。在喝足了妈妈的奶水后，它们就四散跑开，躲在灌木丛中和草丘后面。它们乖乖地待在那里，不哭也不闹，随便妈妈去哪里。

一天、两天、三天过去了，兔妈妈到处跑，早就把宝宝们抛到了脑后。而兔宝宝们一直待在那里，它们不敢到处乱跑，要是遇到鹞鹰或者狐狸可怎么办呢？终于，一只母兔从旁边经过，可那不是妈妈，而是一个不认识的阿姨。兔宝宝们跑到它跟前说：“能让我们吃点儿您的奶吗？”兔阿姨说：“当然，快过来吃吧！”兔阿姨喂完了兔宝宝们，继续朝前跑去。

**知识锦囊**

鹞(yào)鹰是一种凶猛的鸟，样子像鹰，比鹰小，背灰褐色，腹白色带赤褐色，捕食小鸟等。

兔宝宝们吃完奶，继续躲在灌木丛下，而它们的妈妈还不知在什么地方给别人家的宝宝喂奶呢。

母兔们都有这样的习惯，所有的兔宝宝都是兔妈妈们共同的宝宝。所以，不论在哪里遇见兔宝宝，母兔都会给它们哺乳，不管那是不是自己的宝宝。

> **点评**
>
> 通过这样的描述，可见母兔们真是有大爱的母亲，它们把别的兔宝宝当作自己的孩子一样哺乳，令人佩服。

你们一定会认为兔宝宝们过得可真惨，简直就是无家可归的流浪儿嘛。才不是呢！实际上，它们过得衣食无忧。它们身上有厚厚的皮毛，一点儿也不会冷，而母兔的奶水十分香甜、浓稠，它们吃上一次，几天都不会饿。

出生第八九天的时候，兔宝宝们就开始吃草了。

## 第一颗蛋

在所有鸟类中，乌鸦妈妈最先产下一枚蛋。乌鸦的巢安在高高的云杉树上，被厚厚的积雪覆盖着。由于担心这枚蛋及里面的小乌鸦被冻坏，乌鸦妈妈一刻也不离开巢穴，由乌鸦爸爸给它觅食。

## 春天的小花招

在森林里，猛兽和猛禽总是袭击温顺的动物，只要

> **点评**
>
> 这是为什么呢？可以用一个成语来形容，这个成语是“弱肉强食”。

遇见就会捕食。

在白雪皑皑的冬天，雪兔和白山鹑不容易被发现。而现在冰雪消融，很多地方都露出了黑色的地面。狼、狐狸、鹞鹰、猫头鹰，甚至体型虽小但凶猛的白鼬（yòu）和伶鼬，从老远就能发现黑色地面上现出的白色衣裳。

于是，雪兔和白山鹑开始耍起了小花招，它们换了毛色，雪兔全身成了灰灰的颜色，白山鹑也褪掉了许多白色的羽毛，在褪毛的地方长出了带黑条的棕褐色新羽毛。现在，它们已做了很好的伪装，不会那么容易被天敌发现了。

**点评** 这是动物们的自我保护行为，我们也应该学习它们的生存能力，增强生命安全意识，做自己的“守护神”。

与此同时，一些进攻型动物也采取了伪装手段。冬天，伶鼬是纯白色的，白鼬除了尾巴尖是黑色的以外，其余地方也都是白色的。在雪地里，这两种动物偷袭小动物的成功率很高，因为它们有“白色隐身衣”。而如今，它们也穿上了灰色系的衣服。伶鼬变成了纯灰色，而白鼬的尾巴尖和原来一样，还是黑色的。不论冬天还是夏天，带黑色斑点的皮毛都没有妨碍，因为即使冬天的雪地里也有一些黑色的斑点，比如灰尘和树枝，而在夏天的地面和草丛中，黑色的东西就更多了。

**点评** 此句有承上启下的作用。

## 雪 崩

森林里发生了可怕的雪崩。

松鼠正在温暖的巢中睡觉。它的巢安在一棵大云杉树的树杈上。

突然，一个重重的雪团直接从树顶砸到松鼠的屋顶上，它一下子跳了出来，而它可怜的刚出生的宝宝们还留在巢里。

松鼠马上开始扒雪。幸运的是，雪团只是砸坏了用粗枝条做成的巢顶，而由温暖的软苔藓制成的巢穴内部完好无损，甚至都没有吵醒松鼠宝宝们。这些小松鼠还太小，只有小老鼠大小，身上光秃秃的，眼睛还没有睁开，也听不到声音。

**知识锦囊**

雪崩是一种自然现象。当山坡积雪内部的内聚力抗拒不了它所受到的重力拉引时，便向下滑动，引起大量雪体崩塌，即雪崩。

**点评**

这可真是不幸中的万幸啊，真是要恭喜这些幸运宝宝了。

## 神秘的茸毛

沼泽地中的雪融化了，草丘与草丘之间都是水。在草丘下方，有银白色的山羊胡子般的茸毛摇曳在光滑、嫩绿的草茎上。难道这是秋天没来得及飞散的果实吗？难道它们在积雪下度过了冬天？不太可能，因为它们过于洁净、新鲜。

**疑问句**

提出问题，增强了语气，引起读者浓烈的阅读兴趣。

摘下一个茸团，拨开茸毛，谜底解开了。这是花朵，

**点评**

植物都懂得为自己的花朵御寒保暖，真是太聪明了，神奇的植物。

在那雪白如丝绸般的茸毛之中露出了黄色的雄蕊和纤细的花柱。

羊胡子草就这样开花了，花朵外面的茸毛是为了保暖，因为夜间还十分寒冷。

巴甫洛娃报道

## 在常青林里

**点评**

“既……也……”是我们在阅读和写作中经常用到的句式，你会用这个句式造句吗？请仿照本句写一个。

并非只有在热带地区和地中海沿岸才能看到四季常青的植被，我们北方也有自己的常青林，里面生长着四季常青的灌木。就像现在，在春季的第一个月份，来到这种常青林中尤其令人愉悦。在这里，既没有腐烂的树叶，也没有看厌了的枯草。

**环境描写**

这段环境描写太迷人了，让人有身临其境的感觉。

灰绿色的繁茂的松林在远处召唤着我们，置身其中真是令人心旷神怡！一切都是那么生机勃勃，有柔软的翠绿色的苔藓、一丛丛长着油亮叶子的越橘，还有那优雅的帚石楠，在它那长着小小叶子的纤细枝条上竟然还残留着去年开的淡紫色小花。

在一块沼泽地的边缘，还有一棵常青灌木小石楠，它那深色的卷边叶子开始从下面变白。但谁也不会过久

地观察它的叶子，因为还有更吸引人的东西，那就是花儿！粉红色的风铃草花非常漂亮，就像越橘花一样。能在这早春时节的森林中看到鲜花，真是意外的惊喜。你若采下一束，谁都不会相信这是野花，一定会认为是温室里养的花朵。

这可以理解，因为很少有人会在早春时节去常青林里散步，自然不会知道那里已经有鲜花开放。

巴甫洛娃报道

**色彩词的使用**

颜色是人们对客观世界的一种感知，人们的实际生活与颜色密切相关，人们生活在色彩之中，并创造了大量形容色彩的词。比如用“粉红色”来描写风铃草的颜色。色彩词具有丰富的感情色彩，值得我们细细玩味，好好使用。

## 城市新闻

### 屋顶音乐会

每天晚上，都有猫咪在屋顶开音乐会，它们非常喜欢这些音乐会；不过，音乐会总是在猫咪歌星们绝望的吵闹声中结束。

### 阁　楼

近期，一名《森林报》的工作人员巡视了市中心的很多房子，以便了解阁楼住户的居住条件。

在这里，各自占据一角的小鸟们显然对自己的住所都十分满意。谁要是感觉冷，还可以靠在烟囱边享受免费供暖。鸽子已经开始孵蛋，麻雀和寒鸦在城市里飞来飞去，

**书名号的使用**

书名号是用于标明书名、篇名、报刊名、文件名、戏曲名等的标点符号。也用于歌曲、电影、电视剧等与书面媒介紧密相关的文艺作品。

**点评**

由此可见，鸟儿们为了安全舒适地过冬，都在努力地奔波着。

找寻筑巢用的稻草以及做羽毛垫子的绒毛和羽毛。

猫咪和淘气的孩子们是鸟儿抱怨的对象，因为他们有时会捣毁它们的巢。

## 没睡醒的苍蝇

硕大的豆绿色苍蝇出现在街头上，它们身上发出金属般的光泽，看起来像秋天时那样昏昏欲睡。它们还不能飞，只是晃动着小细腿，沿着墙壁勉强爬行。

苍蝇们整个白天都在晒太阳，而到了晚上，它们又重新钻进墙缝里、栅栏孔里。

**细节描写**

细节描写是指抓住生活中的细微而又具体的典型情节，加以生动细致的描绘。此处细致入微地描写了冬日里苍蝇的生活状态，令读者如临其境，如见其形。

## 石　蚕

一些昆虫幼虫钻过冰的裂缝，从河里笨拙地爬了出来。它们费力地爬上岸，褪去身上的保护壳，化身为一些长着翅膀、身材纤细匀称的昆虫。这既不是苍蝇，也不是蝴蝶，而是石蚕。

**动作描写**

描写了昆虫从河里爬上岸的情形，形象逼真。

这些石蚕长着长长的翅膀、身体轻盈，却无法飞行，因为它们还很虚弱，它们需要阳光。

现在，它们正在穿越马路。路上的行人可能会踩到它们，马蹄也会踏着它们，汽车车轮会碾压着它们，麻雀会不停地啄食它们，但它们依然在前进、前进。它们的数量有成千上万。那些成功穿越了马路的石蚕，正在向墙壁上爬，它们要去晒太阳。

点评

为了寻找光明，这些昆虫可谓是不遗余力，令人佩服。

## 第一批蝴蝶

一些蝴蝶开始在阳光下晾晒自己的翅膀。

最早出现的是在阁楼上度过冬天的蝴蝶，它们是深褐色并夹杂红色的荨麻蛱（jiá）蝶以及浅黄色的柠檬蝶。

色彩词的使用

为了描述荨麻蛱蝶和柠檬蝶的色彩，用了复杂的色彩词，请同学们注意积累。

## 春之花

在公园、菜园以及院子里，款冬花黄色的小花绽放了。

有人在街道上售卖一束束森林早春花，商家称之为“雪下紫罗兰”。实际上，无论是颜色还是气味，二者都算不上有多相似。这种花真正的名字是“獐耳细辛”。

树木也苏醒了，白桦树上已经有桦树汁在流淌。

## 欢庆节日

我们在等着鸟类朋友的到来。少先队工作委员会委

点评

在不少城市的公园里，都可以看见这种悬挂在树上的人工鸟屋。请同学们多注意观察。

托每个少先队员制作一个鸟屋。

大家都完成了任务。我们有一个木工间，如果有人不会制作鸟屋，可以到那里学习。

我们要在学校的花园里为鸟儿挂上许多小房子，让它们与我们共同生活，保护我们的苹果树、梨树和樱桃树免受害虫的侵害。当学校庆祝“爱鸟日”的时候，每个少先队员都会把亲手制作的鸟屋带到学校来，这是我们早就约好的。挂鸟屋活动将成为我们的节日。

森林通讯员：瓦洛佳·诺威、热尼亚·科里亚金

**点评**

在你们学校，有没有类似的环保活动？如果没有，你可以试着发起一些。

**读书笔记**

# 打猎记

春季，只有很短的一段时间允许打猎。如果春天来得早，那么打猎时间就开始得早；如果春天来得比较晚，则打猎的时间也就相应推后。

春天，猎人要打的猎物主要是森林和水上的一些禽类，只限于雄性，比如公鸡和公鸭，而且不能带猎狗。

## 猎丘鹬（yù）

白天，猎人从市里出发，傍晚，已经到达森林。

天灰蒙蒙的，没有风，下着毛毛细雨，很温暖，是猎丘鹬的最好天气。

猎人选择林边一块地方，在一棵小云杉树下站定。周围的树木都不高，有赤杨、白桦和云杉树。

离太阳下山还有一刻钟的工夫，还有点儿时间抽根烟，过一会儿就不能抽了。

**天气描写**

天气描写属于环境描写的一种。我们在写作中经常需要描写天气，请注意积累描写天气的句子和词汇。

**请思考**

为什么过一会儿就不能抽烟了呢？

猎人站在那里，聆听森林里各种鸟儿的歌唱。鸫（dōng）鸟在云杉树的树枝尖上喳喳地啼啭，而密林里，长着红色胸羽的知更鸟的叫声如笛声般悠扬。

太阳下山了。

鸟儿们一个接一个地停止了歌唱，最后安静下来的是鸫鸟和知更鸟。

好了，请留神看！注意听！林子上空突然传来一种不大的声音："呲克，呲克！嚯鲁，嚯鲁！"

猎人打了个寒战，举起枪放在肩膀上，一动不动。声音是从哪里来的？

"呲克，呲克！嚯鲁！呲克，呲克！"

这还是两只呢！

在森林上空，两只长嘴丘鹬用力挥动翅膀飞行着。

它们一前一后，很和睦的样子。

看来，第一只是雌鸟，第二只是雄鸟。

"砰！"一声枪响，后面那只雄丘鹬在空中翻转着，然后慢悠悠跌向下面的灌木丛。

猎人快步上前。慢一步的话，受伤的丘鹬可能会跑掉，或者一头扎到灌木丛里，那就找不到了。

在周围暗淡干枯的树叶映衬下，雄丘鹬全身的羽毛像是涂上了一层彩色花纹。

它在那儿！挂在灌木丛上呢！

**拟声词的使用**

这里恰到好处地运用拟声词，使人如闻其声，如临其境。

**点评**

为了避免触犯法律，猎人要对将要射击的猎物有准确的判断。

**比喻**

把丘鹬的羽毛的颜色比作涂了一层彩色花纹，形象地写出了羽毛的花哨。

而在旁边的某个地方，另一只丘鹬还在“呲克，呲克，嚯鲁，嚯鲁”地叫着。

它在很远的地方，霰弹打不到。

猎人又一次站到小云杉后面，屏住呼吸，侧耳细听。

森林里一片寂静。

这时，又一次传来“呲克，呲克，嚯鲁，嚯鲁”的声音。

在那边，还很远……

要不，引诱它一下？也许，它会飞到这边来。

猎人摘下帽子，抛向空中。

丘鹬警惕地观察着。暮色中，可以看出这是一只雌鸟。猎人看见有一只黑乎乎的东西腾空而起，随即又俯冲下来。

是那只雌丘鹬吗？

丘鹬飞了过来，冲着猎人直直俯冲下来。

“砰”的一声，丘鹬一头栽下来，像一截木头一样“咚”的一声落到地上，当场毙命。

天渐渐黑了。周围不时传来“呲克，呲克，嚯鲁，嚯鲁”的声音。

得抓紧时间了。

猎人的双手紧张得直抖。

**多音字**

“屏”是一个多音字，有三个读音，分别是píng，bǐng，bīng。此处读音为bǐng，是抑止、停住的意思。

**比喻**

把丘鹬的身躯比喻成一截木头，形容身体沉重并且落地的速度很快，很直接。

“砰！砰！”打偏了。

“砰！砰！”又打偏了。

最好先别开枪，放过一两只，先稳稳神，平复一下情绪。

果然，手不再抖了。

现在可以了。

在黑暗的密林深处，一只雕鸮发出一声低沉的叫声，令人毛骨悚然。一只鸫鸟在半睡半醒间受到惊吓，尖叫起来。

天黑了，很快就开不了枪了。

终于，又传来了“吡克，吡克”的声音。

而另一个方向，同样可以听到“吡克，吡克”的声音。

就在猎人头顶的上空，丘鹬们发生了冲突，打成一团。

“砰！砰！”猎人连发两枪，两只丘鹬应声而落。

时间到了。

趁着还能看清路，得抓紧赶往鸟类求偶场。

**知识锦囊**

雕鸮（xiāo）：属夜行猛禽，喙坚强而钩曲，嘴基蜡膜为硬须掩盖。

**字词释义**

毛骨悚（sǒng）然：意思是毛发竖起，脊梁骨发冷；形容恐惧惊骇的样子。

## 松鸡求偶

深夜，猎人坐在森林里，就着水壶里的水随便吃了

**点评**

难怪猎人在夜晚打猎时不能抽烟了。

**点评**

这真是一只不识趣的雕鸮，来得真不是时候。

**动作描写、神态描写**

刻画了猎人打猎时小心翼翼、全神贯注的样子。

点儿东西。他们不能生火，会把猎物吓走。

黎明即将到来，鸟禽求偶的时间开始得很早，不到天亮就会开始。

寂静的深夜，传来两声低沉的叫声，是一只雕鸮。

这该死的雕鸮，你会打扰人家求偶的！

东方露出了鱼肚白，不知从什么地方隐隐约约传来一只松鸡的“嗒嗒”叫声。

猎人一跃而起，凝神倾听。

还有另外一只，就在附近不远的地方，大约一百五十步处。还有第三只……猎人蹑手蹑脚地走过去，手里拿着枪，子弹上了膛。他双眼紧紧盯住那些黑漆漆的、粗壮的云杉树。

这时候，“嗒嗒”声停止了，传来“咔嚓咔嚓”的声音。松鸡开始表演了。

猎人离开原地，连跳几下，一、二、三……然后停下来，一动不动。

松鸡的歌声中断，周围一片寂静。

松鸡十分警惕，它在倾听。它十分敏锐，如果听到一点点声响，它就会“呼啦啦”挥动着翅膀立刻飞走，无影无踪。

松鸡没听见动静，于是，又叫了起来，“嗒嗒，嗒嗒”，就像两块木头相互轻轻击打发出的声音。

猎人原地站定。

松鸡开始表演。

猎人奔跑跳跃。

松鸡发出鸣叫，停止歌唱。

猎人刚抬起一条腿，就僵在那里不敢动了。松鸡也悄然无声，仔细倾听。

之后，松鸡又开始发出“嗒嗒，嗒嗒”的声音……

如此反复多次。

> **点评**
> 这个反复的过程，是猎人和松鸡斗智斗勇的过程。

猎人已经离它很近了。就在这些云杉树上，有一只松鸡，而且在很低的地方，就在树腰的位置！

松鸡陶醉于表演当中，兴奋得已经昏了头，对周围的一切都听而不闻了。

> **点评**
> 我们可以用一个成语来形容松鸡的下场：乐极生悲。

只是，它究竟在哪儿呢？在黑暗的针叶林里，根本看不见它在哪儿。

该死的！原来在这儿！它落在一棵云杉树茂密的树枝上，就在旁边三十步左右的地方。可以看到它黑色的长长的脖子，头部有山羊胡子般的毛须……

猎人屏息静气，一动不敢动……

松鸡发出“嗒嗒，嗒嗒”的声音，还唱起了歌。

猎人举起枪。

这只硕大的长着山羊胡的松鸡尾部肆意展开了，就像一把大扇子。而猎人的猎枪对着松鸡的身影来回

移动。

“砰”的一声，松鸡应声掉到了雪地上！

好家伙，这大松鸡！它身形巨大，全身暗黑，不少于五千克！它的眉毛是红色的，就像鲜血染过一样！

**比喻**

把松鸡红色的眉毛比作像鲜血染过一样。

## 来自全国各地的报道

### 请注意！请注意！

这里是列宁格勒《森林报》编辑部。

今天是三月二十一日春分日，我们将举办无线电广播大会，收听来自全国各地的无线电播报。

呼叫！呼叫！北方和南方，东方和西方。

呼叫！呼叫！冻土带和原始森林，草原和高山，海洋和沙漠。

快来告诉我们，你们那里都发生了什么？

请回复！请回复！

**字词释义**

列宁格勒：现为圣彼得堡。

**反复**

反复修辞，是为了强调某种意思、突出某种情感，特意重复使用某些词语、句子或者段落等。在诗歌和小说中最为常见。这里多次使用重复修辞手法，来加强语气，调动读者情绪。

## 注意收听！注意收听！

## 来自北极的报道

我们迎来了一个重大的节日。在经历了漫漫长冬之后，这里第一次出现了太阳。

第一天，太阳从海洋里微微升起，只露出个头，几分钟后就消失了。

过了两天，太阳已经露出了一半。

又过了两天，整个太阳完全升起，离开了海面。

现在，我们这里也有了自己的白天，尽管一天只有一个小时左右；不过，这没关系，阳光越来越多，明天的白天会长一点儿，后天的白天会更长一点儿。

我们的大地和水面还被厚厚的冰雪覆盖着，北极熊还在自己的洞穴里呼呼大睡。现在，这里既没有绿植，也没有小鸟，只有严寒和暴风雪。

**请思考**

为什么北极的太阳会这样？关于北极的气候常识，你还知道哪些？

## 中亚播报

我们已经种完土豆，开始种棉花了。太阳晒得厉害，外面满是尘土。桃树、梨树和苹果树正在开花，而扁桃、杏树、银莲和风信子的花已经凋谢。人们开始种植保护庄稼的森林防护带。

**请思考**

这些农作物、果树和花木，你都熟悉吗？土豆还有其他的名称呢，试着总结一下。

在我们这里越冬的乌鸦、寒鸦、白嘴鸦和云雀开始飞向北方，而在这里过夏的家燕和白腹雨燕也已经飞了回来。体型硕大的红色翘鼻麻鸭已经孵出了小鸭子。小鸭子们从巢里跑出来，开始到水里游泳。

读书笔记

## 注意收听！注意收听！
## 来自远东的报道

我们这里冬眠的狗已经醒来。

不！不！你们没有听错，我说的不是熊，也不是旱獭和獾，就是狗！

你们以前是不是认为狗不会冬眠？那你们就错了，我们这里的狗就会冬眠。

这里有一种独特的野狗，它的体型比狐狸小，四肢很短，身上的毛是棕褐色的，又长又厚，把耳朵都遮住了。一到冬天，它就像獾一样钻到洞里冬眠。而现在，它一觉醒来，已经开始捕食鱼类和老鼠了。

外貌描写

外貌描写又称肖像描写，是记叙文和文学写作常用的表达方法。这里描写了野狗的外貌特征，形神兼备。

这种狗被称作“浣熊狗”，因为它长得很像美洲的浣熊。

在南部沿海地区，渔民开始捕捞扁平的比目鱼。在乌苏里边区僻静的原始森林里，一些小老虎出生了，它们已经睁开了眼睛。

**字词释义**

洄（huí）游：鱼类运动的一种特殊形式，一些鱼因为产卵、觅食或受季节变化的影响，沿着一定路线有规律地往返迁移。

**冒号的用法**

本句中，冒号用在需要解释的词语后面，表示引出解释和说明。

**请思考**

可以说，寒鸦是新西伯利亚地区春的使者呢。你们当地春季开始的标志是什么？

一些洄游鱼类即将从海洋游入我们内河河道产卵，我们正日复一日地等待着那一天的到来。

## 来自乌克兰西部的报道

我们正在播种小麦。

白鹳从非洲南部飞回来了，我们把它们捉住，让它们在我们的农舍安家。为此，我们把旧的大车轮拖到屋顶，供它们使用。

现在，白鹳们衔来树杈和枝条，正在车轮里筑巢。

养蜂人有了烦心事：毛色金黄的蜂虎鸟飞来了。这些体态优雅、毛色鲜艳的鸟儿喜欢捕食蜜蜂！

## 注意收听！注意收听！来自新西伯利亚原始森林的报道

我们这里的情况和你们列宁格勒地区差不多，因为你们也位于原始森林带，是针叶林及混交林森林带。这条辽阔的森林带横跨我们整个国家。

夏季，这里也有白嘴鸦。我们这里春季开始的标志是寒鸦飞来。在冬季，寒鸦会飞去温暖的地方过冬，它们当中的第一批会在春天飞回来。我们这里的春天

和煦而短暂。

## 外贝加尔草原播报

一群蒙古原羚动身南下，它们要离开这里去蒙古。

对于蒙古原羚来说，刚刚到来的解冻天气就是一场灾难。白天融化的雪水在寒冷的夜晚又冻成了冰。整个平坦的草原变成了一个巨大的滑冰场。蒙古原羚的蹄子踩在上面，如同踩在镜面上，滑得呲溜呲溜的。

> 点评
> 形象地说明了结冰后草原的光滑和冰的厚度。

而迅疾如风般的奔跑恰恰是蒙古原羚的护身符。

现在，在这春季薄冰期，有多少只蒙古原羚死于狼和其他猛兽之口啊！

## 来自冻土带和亚马尔半岛的报道

我们这里还完全是冬天，连一丝春天的气息都没闻到。

北方驯鹿用蹄子刨开雪、敲碎冰，吃地面上的青苔。

乌鸦就快飞回来了！每年四月七日，我们要庆祝“乌鸦节”。在我们看来，乌鸦飞来，春天就开始了，就像你们列宁格勒把白嘴鸦飞来看作春天来临的标志一样，

> 点评
> 由此可知，各地的地理条件和气候条件不同，生物的种类也不同，真是有趣的生物多样性现象。

而白嘴鸦从没来过我们这里。

## 来自高加索山区的报道

在我们这里，春天对冬天发起的进攻是自下而上的。

当山顶还在下雪的时候，山下的山谷里已经开始下雨。溪水流淌，发生了春季的第一场洪水。河水暴涨，溢出河岸，奔涌而出。浑浊、汹涌的激流流向大海，将沿途的一切扫荡干净。

山谷里鲜花盛开，树上开始长出嫩叶。在温暖的南坡上，绿色植被一天天地向着山顶生长。

> **点评**
> 这充分说明了植物生长的向光性规律。

鸟儿随着这些绿色植被往山顶方向飞，啮齿动物和食草动物也逐渐往上爬；而猎食狍子、兔子、鹿、盘羊、公山羊、狼、狐狸以及森林野猫的雪豹也循迹而至。

冬天向着山顶节节败退，春天乘胜追击，而紧跟在春天身后的则是生生万物。

> **对比**
> 本句把冬天的节节败退和春天乘胜追击进行对比，说明了冬去春来的过程。

## 来自中亚沙漠地区的报道

春天，这里到处一片欢快的景象。雨淅淅沥沥地下，天气还不是很热。到处都可看到小草破土而出，甚至沙

地里也是如此。

灌木丛发出了新叶，冬眠醒来的动物都从地下出来了，蜣螂和象鼻虫飞了起来，鲜艳的吉丁虫爬满了灌木丛，蜥蜴、蛇、乌龟、黄鼠、沙鼠和跳鼠也从深深的洞穴里爬了出来。

为了捕食乌龟，一群群巨大的黑兀鹫从山上飞了下来，用长长的带钩的喙把龟壳里的肉啄出来。

春天的客人们都飞来了，有小小的沙漠莺，有善舞的石鵰鸟，还有形形色色的云雀：鞑靼大云雀、亚洲小云雀、黑云雀、白翅云雀以及凤头云雀。空中充满此起彼伏的鸟鸣声，悦耳动听。

在这明媚的春天里，就连沙漠也不那么死气沉沉了，因为这里也有万物生息！

**场面描写**

这两处场面描写分别描写了初春时，动物从洞穴中爬到地面上，以及鸟儿在空中飞翔的活跃场面。

**点评**

可以换句话来表达：沙漠里的春天，也是一派生机盎然。

## 请收听来自海洋的播报

### 来自北冰洋的报道

北冰洋上漂着许多冰块，那是整块整块的巨大浮冰。冰面上卧着一些浅灰色的海洋动物，它们身体两侧有黑色的斑纹，这是格陵兰雌海豹。海豹妈妈直接在寒冷的冰面上产下小海豹。这些小家伙毛茸茸的，雪一样白，长着黑色的鼻子和黑色的眼睛。

**知识锦囊**

浮冰是指浮在海面随风、浪、流漂移的冰，又称为漂流冰或流冰。

**外貌描写**

描写了小海豹憨态可掬的外形特征。

小海豹还不能下水，还要长时间待在冰面上，因为它们还不会游泳。

一些格陵兰雄海豹也爬上了冰面。它们的脸是黑色的，身体两侧有黑色斑纹。这是一些年长的雄性海豹，它们正在褪毛，毛是黄色的，又短又硬。现在，它们也只能待在冰面上，随浮冰漂流，直到褪完全身的毛。

侦察人员乘坐飞机巡视着整个洋面。他们需要弄清楚，哪块浮冰上有海豹妈妈和它的小海豹，而哪块浮冰上有正在褪毛的雄海豹。

**请思考**

侦察员巡视洋面的目的是什么？

巡视后，侦察员会向船长报告，哪个地方聚集的海豹多，甚至多得连它们身下的冰都看不见了。

接下来，就会有渔猎船穿过浮冰，向着那里出发，去捕猎海豹。

## 里海播报

里海北部还全是冰，还有大量海豹可以栖息的地方。

我们这里的海豹宝宝已经长大，褪完了毛，先是变成灰色，然后是深灰色。雌海豹从冰洞里钻出来的次数越来越少，它们还需要给小海豹喂最后几次奶。

**点评**

原来，海豹的毛色在成长过程中是不停变化的，真是神奇。

雌海豹也开始褪毛了，是时候该迁往别的浮冰，到

雄海豹聚集的地方跟它们一起褪毛。身下的冰已经在融化，碎成一块块的。它们只能游到岸边去，栖息在浅水处和沙滩上。

洄游鱼类如鲱鱼、鲟（xún）鱼、欧鳇（huáng）等，则从海洋各处游来，聚成密密麻麻的鱼群，逐渐接近伏尔加河和乌拉尔河河口。它们将在这里等待这两条河的上游解冻，等待伏尔加河上游的水流下来。

那时将会有一场竞赛，一群一群的鱼逆流而上，相互拥挤、冲撞，急着赶去它们自己出生的地方产卵。它们有的出生在这些河流北部很远的地方，有的是在较大的支流中，而有的是在小河里。

**场面描写**

这里描写了鱼群逆流而上着急产卵的场面，形象地表现出鱼儿们产卵的迫切。

在整条伏尔加河、卡姆河、奥卡河、乌拉尔河及其支流上，渔民们已经备好渔具，准备应对这些冲力巨大、急于奔回家乡的鱼儿们。

## 波罗的海播报

我们这里的渔民也做好了捕捞黍鲱、鲱鱼和鳕鱼的准备，而芬兰湾和里加湾的冰一融化，就可以捕捞鲑鱼、胡瓜鱼和欧白鲑了。

**点评**

这些我们经常在超市的冷冻货柜见到的鱼类，竟然多数产自波罗的海啊。

一个个港口陆续解冻，里面的船只开始出港远航，而来自世界各地的船只也相继抵达这里。

点评

现在，让我们一起想象波罗的海美妙的春天吧。

冬天结束了，波罗的海的美好时光到来了。

来自全国各地的播报到这里就结束了，

下一次播报时间为六月二十二日。

我的笔记

## 拓展训练

关于本月份的报道，你最喜欢哪一篇？请针对该报道内容，总结一下其中精彩的情节和写作手法。

## 延伸思考

你所居住的地区，一月份的气候和景象是什么样的？

# No. 2

## 候鸟返乡月

（春季第二月）

## 每一年都是一首长诗，一首由十二个章节组成的太阳诗篇

**叠句**

叠句是在一定间隔之后重复的歌曲或赞美诗的一部分。对于本书而言，这一句就是叠句，增强了全年这一首诗的艺术效果。

**?文前小问号**

春天的第二个月，是不是已经很暖和了呢？
森林里会有什么变化呢？

四月，快来融化冰雪吧！四月还在沉睡，但已经送来了春风，这是天气变暖的征兆。不过，这还仅仅是个开始，它还会带给你更多的惊喜！

四月，水从山顶流下来，鱼儿重新开始欢快地游动起来。春回大地，地上的积雪融化了。接下来，春天要完成它的第二项任务，要融化水面的冰层。融化的雪水汇成小溪，注入河流，河水摆脱了沉重的冰的盔甲，开始上涨。春水潺潺作响，蜿蜒在整个山谷之中。

融化的雪水和温暖的春雨浇灌着大地，大地换上了

**点评**

经常听人形容：最美人间四月天。看来，真的如此呢。

**字词释义**

潺(chán)潺：形容溪水、泉水等流动的声音。

绿色的衣裳，上面还装饰着朵朵鲜艳的报春花。而森林里的树木依旧光秃秃的，期盼着春天快来眷顾它们。但这里也有了一些春天的迹象：树浆已经开始暗中流动，树上的嫩芽逐渐饱满，地面和树枝上都有花儿在绽放。

**景物描写**

描写了人间四月，冰雪融化，大地换新颜，森林里春意萌动的景象。

## 鸟儿回乡大迁徙

鸟儿们纷纷离开它们的越冬地。候鸟回乡有着严格的秩序，它们分成很多支队伍，每支队伍都有自己的先后顺序。

**点评**

候鸟返乡都要遵循严格的秩序，看来，我们也要有规则意识呀。

今年，鸟儿回乡的路线和次序与历年没什么两样，这是它们祖祖辈辈在几万年、甚至几十万年里一直保留的习惯。

最先踏上回乡之路的是那些秋天最后一批离开家乡的鸟儿，而最后上路的则是秋天最早离开的鸟儿。那些羽毛最鲜艳的鸟儿会最晚飞回来，它们需要等树叶和小草长出来。如果它们落在裸露的地面和光秃秃的树上，那就太惹眼了。现在它们还无处藏身，很容易被猛兽和猛禽攻击。

**读书笔记**

候鸟迁徙的海上路线正好经过我们列宁格勒市和列宁格勒州。这条路线被称为波罗的海线。

这条线路的一端是阴暗冰冷的北冰洋，另一端是繁花似锦、阳光明媚的热带地区。空中有数不尽的海鸟及

沿海鸟类飞过，它们排成一个个队列，每一个队列都有自己的队形和飞行顺序。它们先是沿非洲海岸飞行；然后，飞过地中海，途经比利牛斯半岛和比斯开湾，再经过几个海峡；最后，飞越北海和波罗的海。

点评

鸟儿的迁徙之路真是漂洋过海啊，极其艰辛，令人心生佩服。

一路上，它们历经艰难险阻。有时，浓雾像一堵墙阻挡了它们前进的脚步；在潮湿的黑夜里，它们常常迷失方向，一下子撞在根本发现不了的悬崖峭壁上；海上风暴会吹坏它们的羽毛，折断它们的翅膀，把它们吹到离岸边很远很远的地方；突降的寒流会冻结河水，它们会死于饥饿和严寒；还有成千上万的鸟儿死于贪婪的猛禽之手，比如各种鹰类。这段时间里，许多猛禽都会集聚在这条线路上，以轻易获得丰厚的战利品。

除以上种种，还有几十万只迁徙的鸟儿死于猎人的枪下。（在本期《森林报》里，我们刊登了一篇讲述在列宁格勒近郊猎杀野鸭的故事。）

点评

这样的事情已经成为历史，我们要热爱大自然，珍惜生命。

但是，无论怎样的困难都不能改变这些候鸟回归故里的决心。它们穿越浓雾，克服重重险阻，最终飞回故乡，飞回自己的爱巢。

点评

为了飞回故乡，回到爱巢，鸟儿们甘愿忍受那么多的艰难困苦，这样的决心和毅力是值得我们学习的。

其实，并不是所有的候鸟都在非洲过冬并沿波罗的海线飞回来，还有一些鸟儿从印度归来。而红领瓣足鹬则在更远的美洲过冬，它要飞越整个亚洲才能回到这里。从过冬地到阿尔汉格尔斯克近郊的巢穴，需要飞行大约一万五千千米，飞行时间长达两个月。

> 点评
> 这样的飞行速度也真的很惊人呢，我们平时真的没察觉到。

## 戴脚环的鸟

如果你抓到了一只戴着脚环的鸟，那么，请你把刻在脚环上的字母和编号记录下来并将它放飞，然后，将这件事通知鸟类脚环佩戴中心。该中心地址为：117312，莫斯科，费尔斯曼大街 13 号。

如果你认识的猎人或者捕鸟人士打死或者捕捉了这种鸟，那么，请你告诉他们接下来该如何做。

鸟儿脚上佩戴着轻金属（铝制）脚环，上面的字母和编号表示哪一个国家、哪一个科研机构为该鸟佩戴了脚环。具有与该鸟相同编号的科学家会做好记录，标明他于何时何地为该鸟佩戴了脚环。通过这种方式，科学家们可以了解鸟类生命中的奇妙秘密。

> 点评
> 这就是研究鸟类的科学家们给鸟佩戴脚环的目的和意义所在。

比如，给一只鸟儿在遥远的北方戴上脚环，之后，它飞到南非、印度或其他什么地方，被当地人抓住。那么，就要把脚环取下来并邮寄回来。

其实，并不是所有鸟儿都飞去南方过冬，还有些鸟儿飞往西方或东方，甚至还有一些去了更北的地方。正是借助于这些脚环，我们才得以了解候鸟迁徙的秘密。

# 森林里的故事

## 春季泥泞

郊外泥泞不堪，无论坐雪橇还是四轮大车，都很难通过森林和乡间的小路，要想得到来自森林的消息，颇要费一番工夫。

## 埋在雪下的浆果

在森林的沼泽地带，一丛蔓越橘从积雪下露出头来。村里的孩子们都去采摘，他们说，过了冬的浆果要比新鲜的更甜。

拟人

把蔓越橘人格化，通过“露出头来”几个字，我们可以感受到蔓越橘可爱的样子。

## 昆虫的新年联欢

一棵黄花柳开花了。它那粗壮的、疙疙瘩瘩的灰绿色树枝完全被一些轻飘飘、亮黄色的小球球遮住了，整棵树变得毛茸茸的，显得轻盈而又欢快。

昆虫的节日到了，这棵装扮漂亮的黄花柳周围洋溢着一片喧嚣欢乐的氛围。如同开新年联欢会一样，一群熊蜂嗡嗡作响，苍蝇也乱飞一气，勤劳的蜜蜂在拨弄着一根根纤细的雄蕊，采集花粉。

一些蝴蝶在翩翩飞舞。这只是柠檬蝶，它的双翅上各有一个缺口；那只是棕红色的荨麻蛱蝶，它长着大大的眼睛。

瞧，一只黄缘蛱蝶落在一个毛茸茸的小球上，把它遮在自己暗黑的翅膀下。它伸出长长的喙，在花蕊深处吸食蜂蜜。

在这棵漂亮的黄花柳旁边还有一棵树，同样是黄花柳，同样开着花。这棵树上的花却不同于那一棵，它们不太好看，呈灰绿色球状，乱蓬蓬的。也有一些昆虫落在上面。虽然这棵黄花柳周围远不如邻居那边热闹，但恰恰是这棵树孕育了黄花柳种子。昆虫已经把黄色小球上的黏性花粉传在了灰绿色的球状花上。在这些球状花里面，在每一个长长的、像小瓶子一样的雌蕊里，都将

**细节描写**

这段对黄花柳的描写细致入微，树枝的样貌和色彩以及花朵的形态色彩都刻画得非常传神。阅读感觉特别好。

**字词释义**

氛（fēn）围：意思是指围绕或归属于一特定根源的有特色的高度个体化的气氛。

**对比**

通过将两棵黄花柳进行对比，来说明它们有不同的特色和好处。

会孕育出种子。

巴甫洛娃报道

## 还有谁醒来了？

蝙蝠醒来了。各种各样的甲虫也醒来了，比如扁平的步行虫、圆圆的黑色的蜣螂，还有叩头虫。叩头虫会展示魔法，人们绞尽脑汁也猜不透——如果你把它仰卧放在那里，它会依靠头部“啪”的一声弹跳起来，在空中做个翻转，然后直直地以脚落地。

**动作描写**

动作描写是刻画人物的重要方法之一。这里通过动作描写刻画了叩头虫的灵活。

蒲公英开花了。白桦树也泛出绿意，眼瞅着就要长出叶子。

第一场春雨过后，一些粉红色的蚯蚓爬出了地面。还有一些小蘑菇也长了出来，有羊肚菌，有鹿花菌。

**点评**

春雨的“魔力”这么大，怪不得人们常说“春雨贵如油”呢。

## 池塘里

池塘焕发出生机。青蛙离开它冬眠的泥潭，产卵后从水里跳到岸上。

蝾螈却恰恰相反，它们刚从岸上回到水中。

蝾螈身体呈深橘色，有一条大大的尾巴，与其说它像青蛙，不如说它更像蜥蜴。一到冬天，蝾螈就会跳出池塘，到森林里，把自己埋在潮湿的苔藓下睡大觉。

蟾蜍也醒来了，开始产卵。青蛙卵为泡状，每个泡中都有一个圆圆的小黑点，它们聚成黏黏的一团漂浮在水中；而蟾蜍的卵产在产卵带上，产卵带则附着在水底的水草上。

**对比**

通过对比，让读者了解到蟾蜍和青蛙虽然很像，但它们从卵开始便是不同的。

## 它们属于春天吗?

现在，许多植物都开花了，有蝴蝶花、荠菜、遏蓝菜、扁蓄和洋甘菊。

但你们不要以为所有这些植物都是刚从地下钻出来的，就像报春花一样。通常，报春花先是伸出一条绿绿的小腿，然后再用尽微弱的力量探出身来，到那个时候，它才能看到这个世界。

冬天，蝴蝶花、荠菜、遏蓝菜、扁蓄和洋甘菊无处藏身，它们索性以完全盛开的方式勇敢面对。一旦头上现出湛蓝的天空而不再是皑皑白雪，它们就会苏醒过来，让自己的花蕾重新焕发生机。

这些晚秋时节长在花茎上的蓓蕾，现在已盛开于草丛之中，对着我们摇曳生姿。

**点评**

从中可见，这些植物对天气极其敏感，随着天气的变化而发生极大的变化。

**字词释义**

摇曳(yè)生姿：形容姿态娴雅，婀娜多姿的样子。

那么，它们到底算不算是春天开花的植物呢？

巴甫洛娃报道

## 白色的寒鸦

在小亚利奇基村的小学附近，有一只白色的寒鸦，它和一群普通的寒鸦生活在一起。甚至村里的老人们都没见过这种白寒鸦。我们这些学生都不明白：为什么寒鸦会这么白？

学生记者　波莉娅·西尼琴娜格拉·马斯洛夫

**点评**

讲故事常用的方式，语言朴实，但因为故事色彩十足，还是非常吸引读者的。

# 飞鸽传来的加急信

（本报记者报道）

## 水 灾

积雪快速融化，河水上涨，溢出河岸，淹没了两岸地区。春天给森林中的居民带来许多苦难，四面八方都传来受灾的消息，一些地方算得上是真正的大洪灾。兔子、鼹（yǎn）鼠、田鼠和其他一些生活在地面或地下洞穴中的小动物首先遭难。洪水涌进洞穴，它们只得弃家而逃。

动物们都在尽力自救。

一只地鼠从洞穴里逃出来爬到树上，坐在那里等洪水退去。它饥肠辘辘，看起来十分可怜。

**点评**

动物和人类一样，有强烈的求生欲。灾难面前，每一种生灵都有自己的自救方式。

**字词释义**

饥肠辘（lù）辘：指肚子饿得咕咕直响，形容十分饥饿。

当河水淹没两岸的时候，鼹鼠差点儿憋死在地下自己的家里。它从地下钻出来，依靠潜水技术浮出水面，漂浮着寻找一块没水的地方。

鼹鼠擅长游泳。它游了几十米后爬上了岸，暗自庆幸自己漂浮在水面上时，没有任何一只猛禽发现它那黝黑发亮的身体。

上岸以后，它又顺利地钻到了地下。

## 树上的兔子

兔子出事了。

兔子生活在大河中间的一座岛上，每天夜里啃食小山杨树树皮，白天则藏在灌木丛里，防止被狐狸或人类发现。

这是一只年纪轻轻、脑子还不太灵光的兔子。

它压根儿就没注意到，小岛周围传来"咔嚓""咔嚓"冰层破裂的声音。

有一天，太阳晒得暖洋洋的，兔子正在灌木丛中安稳舒适地睡觉，没发现河水正在迅速上涨，直到身下的皮毛被浸湿，它才从睡梦中醒来。

它跳了起来，发现周围都是水。

发大水了，水暂时只淹到兔子的爪子。它急忙逃到

读书笔记

点评

开篇点题，引出下文。

字词释义

脑子不太灵光：是指脑子不好用、不够聪明、反应迟钝的意思。

小岛中央，那里还是干的。

河水快速上涨，小岛变得越来越小。兔子急得在岛上来回跑，从一头跑到另一头。眼看整个小岛就要被河水淹没，它还是无法下定决心纵身跳到这冰冷湍急的水流中。

> **行为描写** 生动地展现出兔子焦急、手足无措、犹豫不决的样子。

这么汹涌的河水，它可游不过去。

就这么熬过了一天一夜。

第二天早上，水面上只剩下了河心岛的一小块地方，上面有一棵又粗又弯的树。胆战心惊的兔子围着这棵树不断地绕圈。

第三天，河水已蔓延到树下。兔子试图跳到树上，却一次次掉下来，跌落到水中。

后来，它终于跳到一根长在低处的粗粗树杈上，坐在上面耐心地等着洪水退去。这时，河水已经不再上涨了。

> **点评** 多亏这根粗树杈，让兔子得以死里逃生，脱离危险。

它并不担心会被饿死，虽然这棵树的树皮又硬又苦，但毕竟可以充饥。

可怕的是风。它疯狂地摇晃着树干，兔子差点儿掉下来。它就像一个爬上了帆船桅杆的水手，脚下的树枝像船桅般左摇右晃，再往下是深不见底冰冷的河水。

> **点评** 真是屋漏偏逢连阴雨啊，不仅有水灾，还有风灾。

在宽阔的河面上，漂浮着整棵的树、木头、树枝、干草，还有一些动物的尸体。

一只兔子被河水冲着从它脚下漂过，树上这个可怜的小家伙吓得浑身颤抖。

河里那只兔子的爪子被缠在了树枝里。它肚皮朝上、伸着腿，随着树枝顺流而下。

兔子在树上一共待了三天。

终于，洪水退去，兔子跳到地面上。

它只能在这个小岛上一直待到炎热的夏天，等夏天河水变浅，它才能到对面的岸上去。

点评

这就意味着，兔子还有很长的一段难熬的时间要在岛上度过，这对它的意志力是极大的考验。

## 鸟儿也遇到了麻烦

对于鸟类来说，洪水没那么恐怖，但它们还是遇到了麻烦。

点评

看来，鸟类有鸟类的烦恼啊。

一只黄鹀鸟在一条大沟渠旁给自己筑了巢，还在里面产了蛋。

但洪水期间，鸟巢被淹没了，蛋也被水冲走了，黄鹀不得不重新找地方筑巢。

点评

对于这只黄鹀鸟来说，真是天有不测风云啊。

一只沙锥鸟落在树上，急切地等待着洪水结束。

沙锥属于鹬的一种，生活在森林的沼泽地中。它的双脚很适合在地面行走，而若是站在树杈上，就如同狗站在栅栏上一样别扭。

沙锥站在树上，盼望着能再次踏上柔软的沼泽地，用它长长的嘴啄出一个个小窟窿——它用自己长长的喙从软泥中啄食。还是离不开这片故土啊！其他地方都被占满了，而且就算别的沼泽地有地方，那儿的沙锥也容不下它这个外来移民。

**点评**

平日里司空见惯的事，因为洪水的到来，也成了遥不可及的梦想。

## 最后一块冰

河面上有一条冰雪之路，是农庄庄员乘雪橇所走的路。春天来临，河面上的冰层膨胀、破裂，有一块冰摇摇晃晃地顺流而下。

这块冰很脏，上面有粪便、雪橇印儿和马蹄印，中间还有一个马掌钉。

冰块先是在河床内沿河而下，一些白色的鹡鸰鸟从岸上飞过来，捕食冰块上方的苍蝇。

之后，河水决堤而出，冰块也被冲到草地上。鱼儿在冰块下来回游动，如同在被水淹没的草地上散步。

**比喻**

把鱼儿在冰块下游动比喻为在草地上散步。

有一次，一只黑色的、眼神似乎不大好的小动物从冰块附近的土丘里钻了出来，爬上冰块。这是一只鼹鼠。由于大水淹没了草地，它在地下无法呼吸，于是，就到上面来了。这时，冰块的一角触到了一个没被水淹没的小山丘。鼹鼠跳上小丘，立刻钻到地下去了。

冰块越漂越远，最后漂到森林里，撞上了一个树桩，

卡住了。这时，一大群遭了灾的陆地动物都跑到冰块上来了。它们大都是各种林鼠，还有一只小兔子。大家都落了难，都面临着死亡的威胁，于是，又饿又怕的它们浑身颤抖着紧紧挤在了一起。

很快，洪水退去，小动物们跳到地上，互道了再见，四散而去。

在太阳的照射下，冰块融化了，树桩上只留下一个马掌钉。

**点评**

因为面临共同的灾难，大家都成了患难与共的难友。

**读书笔记**

# 森林里的战争

请思考

特派记者的职责通常是什么？

字词释义

伫(zhù)立：长时间地站立没有动作，或泛指站立。

拟人

把老云杉树人格化，宛如一位位睿智的老者。

森林里各部落之间的战事从不间断，我们将报社特派记者派往战争前线，了解最新的“战况”。

首先，我们的记者来到百年老云杉部落。这里每棵云杉树一个挨一个伫立在那里，每棵都有两三根电线杆接到一起那么高。

这是个阴森的国度，老云杉树都直直地立在那里，阴郁地沉默不语。它们的树干自下而上都是光溜溜的，只有个别树上有几枝弯弯曲曲的枯枝。

在距地面很高的地方，这些巨人般的茂密树枝相互交织在一起，像一把厚实的伞盖遮住了整个国度。阳光被伞盖挡住，照不进来，下面又闷热又昏暗，散发着潮湿、腐烂和发霉的味道。来这里安家的绿色植物都会枯萎，只有苔藓、地衣例外，它们非常满意这灰暗国度里的生活环境，吸食着主人的树浆，贪婪地爬满那些壮烈

牺牲的巨人的尸体。

这里几乎没有什么动物，也没有鸟儿的鸣叫，我们的记者只碰到一只孤独的猫头鹰。它是来这里躲避阳光的。现在，它被我们的记者惊动了，全身的羽毛都立了起来。它晃动着胡须，鹰钩喙发出可怕的“咔嚓”“咔嚓”的声响。

在无风的日子里，云杉国度一片寂静。一旦有风从上空吹过，这些身板笔直的巨人也只是愤怒地晃动着树梢，发出“咝咝”的声音。

**环境描写**

这段环境描写非常优美、有意境，让人如临其境，沉醉其中。

在这片古老的森林里，云杉部落是身材最高、身体最结实、成员数量最多的部落。

我们的记者离开云杉部落，来到白桦和山杨部落。在这里，郁郁葱葱、浑身洁白的白桦树和浑身银色的山杨树发出沙沙的声响，仿佛在欢迎他们的到来。许多鸟儿在树叶间鸣唱。阳光透过树梢照下来，林间变得五彩斑斓，不时会出现一些金色的斑点和蛇形、圆形的光，如新月和星星般闪耀着，在光滑的树干上跳跃、滑动。地面上低矮的小草聚集在一起。看得出来，在主人搭起的绿色帐篷下，它们生活得十分惬意。不时有老鼠、刺猬和兔子在我们记者的脚下活动。当风从上空吹过时，这个快乐的国度就会热闹起来。即使在没风的日子里，这里也并非鸦雀无声，因为不管白天还是黑夜，山杨树

**环境描写**

此处关于光影、树林的描写非常精彩。这样的场景，我们经常遇见。下次写作时，也可以借鉴这样的写法。

叶的沙沙声总是不绝于耳。

白桦和山杨部落的国界线是一条河流，河流那边是沙漠，沙漠上有一大片冬季采伐后的采伐迹地，而过了沙漠，就是黑压压的巨人云杉部落。

点评
句中用“黑压压”来形容巨人云杉部落，通过这个词语，我们可以感受到巨人云杉的浓密。

我们的记者早就知晓，只要森林里的积雪一融化，这片沙漠就不再是沙漠，而会变成一个战场。

森林里十分拥挤，只要附近出现了新的空地，每个部落都会尽快赶去抢占地盘。

我们的记者跨过河流，在荒地搭起帐篷住下来。他们成了森林部落抢占地盘战争的目击者。

有一次，在一个温暖的阳光明媚的早晨，远处似乎传来枪支射击的“嗒嗒”声，我们的记者急忙赶往那里。

原来，云杉部落已发起进攻，把自己的空中部队派出去抢占闲置土地了。

太阳烘烤着云杉树上大大的球果，有“啪啪”的声音传来。球果一个接一个地裂开，每一次破裂都像一声枪响，像小型玩具手枪发出的声音。

点评
“烘烤”一词说明了太阳光照的强烈，而又用“球果一个接一个地裂开”加以佐证。

球果表面密密的鳞片一下子鼓胀起来，球果裂开了。许多小小的种子从里面飞出来，好像离开了一个隐蔽的防空洞。风携带着它们飞往各处，时而下，时而上，时而又旋转翻滚。

每一棵云杉树上都有数百个球果，而每一个球果里

面又有上百颗种子。它们大多数随风飘散，最后落到采伐迹地上生根发芽。

但云杉种子有些重，飞不远。风小的时候，它们很快就落到了地上，甚至还没飞过荒地面积的一半。几天后，大风刮了起来，它们这才占领整个采伐迹地。

此时，早晨的气温还比较寒冷，这对柔嫩的种子具有致命的威胁。庆幸的是，温暖的春雨开始下起来了。大地变得松软，它张开怀抱接纳了这些小小的外来移民。

**借喻**

借喻是比喻的一种。其特征是不出现本体和喻体，直接叙述喻体。比如本句的喻体就是“小小的外来移民”。

当云杉部落占领荒地的时候，河那边的山杨树也已经开花，在毛茸茸的葇荑花序里，它们的种子才刚刚开始成熟。

一个月后，夏天的脚步更近了。

阴暗的云杉国度开始欢庆自己的节日，在树枝上点起一个个红红的小蜡烛。原来，这是新长出来的小球果。此外，树上还装饰着金黄色的葇荑花序，它们与暗绿色的针叶相映成趣。云杉开花了，它们在不慌不忙地孕育着来年的种子。

**比喻**

把新长出来的小球果比喻为一个个红色的小蜡烛。

**字词释义**

相映成趣：意思是相互衬托着，显得很有趣味，很有意思。

而那些落到荒地的种子在地下吸足了水分，越长越大。它们很快就将钻出地面，成为小树苗。

而白桦树到现在还没有开花。

我们的记者坚信，云杉部落最终会占领这片新的空

读书笔记

地，而其他的森林部落都将错过机会。

然而，战事走向往往无法预料。

我们的编辑希望，在下一期《森林报》里，能够登载来自前方记者的最新报道。

# 农庄纪事

冰雪一融化，农庄庄员们就开着拖拉机去了地里。拖拉机既能耕田也能耙地，如果安上钢爪，甚至能掘出树墩。它把土地清理得干干净净、焕然一新，为耕种做好准备。

> **点评**
> 这说明农庄庄员们非常勤劳。

几只蓝黑色的白嘴鸦煞有介事地跟在拖拉机后面，亦步亦趋。再远一些，有一些灰色的乌鸦和两侧羽毛为白色的喜鹊，它们也蹦蹦跳跳地跟在后面。耕地的时候，许多蚯蚓和甲虫及它们的幼虫被犁和耙子翻了出来，它们成了鸟儿的下酒菜。

> **字词释义**
> 煞(shà)有介事：意思是指像真有那么回事一样。

> **字词释义**
> 亦步亦趋(qū)：指学生紧紧追随老师；比喻没有主见，处处追随模仿的意思。

地耕好了，也耙好了，拖拉机开始牵引着播种机进行播种，把精选的种子一排排地播撒到地里。

在我们这里，最先播种的是亚麻，其次是春小麦，然后是燕麦和大麦这类春播作物。

而黑麦和冬小麦这些过冬作物已长出地面，高度已达最终身高的四分之一。这些作物是在去年秋天播种、发芽，在积雪下度过寒冬的。如今，它们都攒足了劲儿开始长个儿呢。

每天早晚时分，在这一片郁郁葱葱间总会传来“唧唧”的声音，好像是某辆大车在“吱嘎”作响，又像某只大蟋蟀在叫。

其实，这既不是大车，也不是蟋蟀，而是一只漂亮的灰色松鸡。

它身体灰色，带有白色的花斑，喉咙和脸颊处是橙黄色，眉毛红色，爪子黄色。

此时，它的伴侣正在附近忙碌着，准备筑巢。

牧场里的小草也在慢慢变绿。黎明时分，农家孩子们就被马牛羊的叫声吵醒，这是牧人开始赶着牛群和羊群去放牧了。

有时，人们会在马背和牛背上发现一些奇怪的“骑手”，它们是寒鸦和椋鸟。比如，这些长着翅膀的小骑手会落在一头正在前行的牛身上，用嘴去啄它的背。“咚咚！”“咚咚！”母牛本可以像轰苍蝇一样用尾巴把它们轰走，但它并没那样做，而是默默忍受着。这是为什么？

原因很简单：这些小“骑手”分量并不重，而且还对自己有好处。牛虻会在牛马的皮毛里产下自己的卵，而椋鸟和寒鸦能把这些卵和幼虫啄出来。

**字词释义**

郁郁葱葱：意思是形容草木苍翠茂盛，也形容气势美好蓬勃，生机勃勃的样子。

**外貌描写**

此处详细描写了松鸡身体各部位的颜色。

**点评**

疑问句很好地衔接了上下文。

**点评**

由此可见，牛虻和椋鸟寒鸦是天敌啊。

胖胖的熊蜂早就醒了，到处“嗡嗡”叫着；小巧闪亮的黄蜂四处飞舞；而蜜蜂也该出来逛逛了。

农庄庄员们把放在冬季蜂房或地下室里的蜂箱都拿出来，放到养蜂场上去了。蜜蜂舞动着金色的翅膀从蜂房里飞出来，在阳光下舒展身体、晒太阳。晒热后，蜜蜂就飞去采集香甜的花蜜了。

**场面描写**

描写了养蜂场里，蜜蜂采花繁忙的场面，非常热闹。

# 农庄新闻

（巴甫洛娃报道）

## 节　日

如果马铃薯会唱歌，那么今天你一定会听见一首动听的歌。今天是马铃薯的盛大节日，因为人们把它们运到了田里。人们把它们小心翼翼放到箱子里，装上车拉过去了。

为什么要小心翼翼呢？为什么要装在箱子里，而不是袋子里呢？

因为这些马铃薯都发了芽。这些芽很神奇，它们又短又胖，毛茸茸、黑黢黢的。芽的底部很宽，长满了白

**请思考**

根据你的生活经验，发芽的马铃薯还可以食用吗？

**字词释义**

黑黢（qū）黢：意思为非常黑。比如“夜深了，屋外黑黢黢的，什么也看不见。”

色的小包，这是马铃薯正在生长的幼根。芽的上端尖尖的，可以看见小小的叶子。

## 神秘的坑

从秋天开始，在学校的实验园里多了很多不知用途的深坑。常常有青蛙掉到坑里，人们以为这是专门给青蛙设置的陷阱。

现在，连青蛙都搞清楚了，这些坑是用来种果树的。

同学们会在每个坑里种上一棵果树，有苹果树、梨树、李子树和樱桃树。

为了防止大风把它们吹倒，同学们在坑的中央钉一个桩子，然后把小树苗绑在桩子上。

## 奇怪的幼芽

在几棵黑加仑灌木丛上，可以看到一些奇怪的幼芽。它们长得很大，圆圆的。一些幼芽展开来，竟像一个个圆白菜。我们用放大镜去观察这些幼芽，不由得大吃一惊！幼芽上爬满了令人作呕的东西，它们长长的，弓着背，还不时地抖一下腿、晃一下触须。

读书笔记

请思考

你周围有这样的小树苗吗？

字词释义

令人作呕：指使人感到恶心讨厌。多用于对可憎的人或事情，表示厌恶。

难怪这些幼芽会鼓胀开，原来有扁虱在里面过冬。扁虱是黑加仑最大的天敌，既危害幼芽，又会把传染病带到灌木丛上，导致树木不结果。

如果树上只有个别鼓胀的幼芽，那么就需要赶紧把这些幼芽摘下来烧掉，以免扁虱爬得到处都是。而树上如果满是患病幼芽，就只能烧掉了。

**点评**

为了保护好幼芽，一定要细心，勤于观察，发现虫害趁早行动。

## 城市新闻

### 植树周

积雪早已融化，大地已经解冻，列宁格勒市和列宁格勒州全面展开了为期一周的植树造林活动。春季种植树木的日子演变成了一场节日，植树造林的节日。

在学校的试验田里，在花园及公园里，在房屋附近，在道路两旁，到处都有同学们忙碌的身影，他们在为种树做着准备。

涅瓦区青少年科学活动站已经备好了数万棵果树插条。

林木苗圃场给滨海区各个学校划拨了两万棵云杉、杨树和枫树的树苗。

塔斯社列宁格勒分社

**请思考**

你们学校举行过这样的植树造林活动吗？你参加过吗？体验如何？

## 收集林木种子

田野十分辽阔，要种多少棵树才能挡住风呢？我们学校的同学们都知道国家在做一件大事，那就是种植防护林带。这就是春天的时候六年级甲班出现一个巨大箱子（种子储存箱）的原因。同学们带来一桶又一桶的种子，在箱子里放入了枫树籽、白桦树的葇荑花序、密实的橡实果，等等。就拿维佳·多尔卡切夫来说，仅白蜡树籽，他就收集了十千克。秋天的时候，种子储存箱被塞得满满的。我们把这些种子都献了出去，让人们把它们种在新的林木苗圃里。

丽娜·波利亚科娃

点评

这段内容可以唤醒同学们为国家环保事业做贡献的责任心与爱国主义情怀。爱地球爱环境从每一颗种子做起。

## 七孔鱼

从西部的列宁格勒到东部的萨哈林，在全国各地的大小河流中，生活着一种很奇特的鱼。它又细又长，乍一看，你会以为这是一条蛇。它的身体两侧没有鳍，只在后背尾巴处才有。

外貌描写

具体说明这种鱼的奇特之处。

它游动时身体像蛇一样弯弯曲曲。这种鱼的皮肤很

松弛，上面没有鳞片，嘴巴也不同于普通的鱼，是一个漏斗形的大窟窿，这是它的吸盘。看着这个吸盘，你会以为这根本不是鱼，而是一条大水蛭。

在乡下，人们称这种鱼为七孔鱼，因为在它身体两侧、眼睛后面长着七个呼吸孔。

七孔鱼的幼鱼长得像泥鳅，属于沙栖鱼。孩子们常常捉住它们，将其作为诱饵，去捕捉凶猛的大鱼。

七孔鱼有时会吸附在大鱼身上，随其四处遨游，而大鱼无论如何也甩不掉它。

**点评**

由此可知，七孔鱼的生存能力很强，有很多方法。

还有一些渔民说，七孔鱼有时还会吸住河底的石头。这时，它会扭曲身体，使劲甩动，身体往下拽，而石头也常常会被它带得离开原地，可见它的力气有多么大。

七孔鱼往往在水底有石头的坑里产下自己的卵。

学术界称这种奇特的、长得像水蛭一样的鱼为河七鳃鳗。

**下定义**

下定义是说明文常用的说明方法，是一种用简洁明确的语言对事物的本质特征作概括的说明方法。这里就定义了河七鳃鳗的特征。

虽然河七鳃鳗长得不太好看，但如果把它放入锅内稍微煎一下，再淋点儿醋，绝对会是一顿可口的美餐！

## 街头写照

每天夜里，市郊都会有蝙蝠出没。它们无暇理会街上的行人，而是忙着追赶空中的蚊子和苍蝇。

燕子飞来了。我们这儿的燕子有三种：家燕、毛脚燕和沙燕。家燕长着长长的叉形尾巴，颈咽部有浅褐色的斑点；毛脚燕尾巴短短的，颈咽部为白色；沙燕体型小巧，灰褐色，前胸为白色。

家燕把自己的巢筑在木质建筑里，毛脚燕则直接在石头房子上筑巢，而沙燕是在悬崖的石头缝里孵化幼鸟。

燕子飞来后再过一段时间，雨燕才会出现。雨燕很容易辨认，它们总是在屋顶上空发出响彻云霄的尖叫声。它们看起来是纯黑色，翅膀不像家燕那样有棱有角，而是半圆形，像镰刀一样。

叮人的蚊虫也出现了。

摘自小科学家日记

**分类别**

分类别是将被说明的对象，按照一定的标准划分成不同的类别，一类一类地加以说明的说明方法。这里按名称把燕子分三种，清楚地说明了每一种燕子的特征。

**请思考**

你见过雨燕吗？有很多风筝就是雨燕的造型。如果没有，春天到来的时候，请注意观察一下雨燕。

# 打猎记

## 去涅瓦湾打鸭子

### 市场里

近期，在列宁格勒市场里，有各种各样的野鸭出售。有纯黑色的，还有类似于家养的那种鸭子；有的鸭子体型很大，也有的很小巧；有些鸭子的尾巴很长、很尖，就像锥子一样；有些鸭子的嘴宽宽的，像小铁锹一样，而另外一些鸭子的嘴巴则十分细窄。

如果没经验的主妇买错了，那可真是给自己找麻烦了！买完带回家做熟，可结果却没人吃，因为这种野鸭有一股鱼腥味。原来，她买到的可能是一种专吃鱼的潜鸭秋沙鸭，甚至还有可能是䴙（pì）䴘（tī），而后者根本

**分号的使用**

四个并列分句之间具有相对的独立性，中间可根据需要使用分号。条理分明，层次清楚。

**点评**

这说明生活经验真的很重要。

就不是鸭子。

有经验的主妇一下子就能将美味的鸭子和潜鸭区分开来，她只需观察一下野禽脚掌后面那个最小的脚趾即可。

**对比**

指出辨别河鸭与其他野禽的方法。

在潜鸭和䴙䴘的这个脚趾上有个大大的凸起，其他美味河鸭的凸起却很小。

## 鸭叛徒和白衣隐身人

过了不一会儿，远处一只鸭子从水面飞了起来。这是一只公鸭，它听见母鸭的呼唤后，向它飞了过来。

公鸭还没来得及飞到母鸭身边，就听到一声枪响，接着又是一声，然后，公鸭就“扑通”一声掉到了水里。

**“像”字句未必是比喻**

“像”是常用的比喻词，但不是所有含有“像”字的句子都是比喻。比如本句含有“好像”，但不是比喻，而是表示猜测的意思。

母鸭非常清楚自己该干什么，它“嘎嘎嘎”地叫个不停，心甘情愿地做一个野鸭界的叛徒，就好像是猎人花钱雇来的一样。

随着它的叫声，公鸭们从四面八方飞过来。

公鸭们只看见了母鸭，却没有看见浮冰尽头那艘白色的打猎船，也没有看见船上身着白色长衫的猎人。

猎人不停地射击，各式各样的鸭子一只又一只纷纷掉到他脚下的船里。

一群接一群的野鸭沿着海上迁徙之路从上空飞过。太阳落到海平面以下，城市的轮廓消失了，市内亮起了灯。

不能再打了，天黑了。

猎人把母鸭放进船里，将船用四脚锚牢牢地固定住，把船紧靠在浮冰边上，以免被大浪打坏。

该想想过夜的事儿了。

起风了，乌云遮住了天空，周围漆黑一片，伸手不见五指。

**环境描写** 渲染了氛围，增强了文章的文学性和美感。

## 第二天

在安德烈耶夫市场上，一大群人好奇地打量着两只雪白的大鸟。它们倒挂在猎人的肩膀上，鸟喙都要触碰到地面了。

**侧面描写** 从侧面说明这两只雪白的大鸟真的很大。

孩子们把猎人团团围住，好奇地问道：

“叔叔，这是在哪打着的呀？我们这儿有这种鸟吗？”

“它们是要往北飞，要到那里去筑巢。”

“哇！那它们的巢一定很大！”

**语言描写** 从孩子的提问和猎人的回答中，我们可以感受到孩子们的天真，迫切的心情以及猎人的老练。

而让家庭主妇们更感兴趣的则是另外一件事情。

“请问，它们能吃吗？没有鱼腥味吧？”

猎人回答着他们的问题，耳朵里却全是天鹅那喇叭般的叫声、野鸭快速飞行时拍动翅膀的声音以及薄冰被小船撞碎时发出的清脆的碎裂声。

上面所讲的都是发生在以前的事情。

现在，每到春天的时候，列宁格勒上空依旧有天鹅飞过，空中传来它们那嘹亮的喇叭般的叫声。如今，天鹅的数量与之前相比变得越来越少，因为以前的猎人们都想方设法猎杀天鹅，都希望能打到这种美丽的大鸟，由此导致天鹅数量急剧减少。

**点评**

人类的过度捕杀造成了天鹅数量锐减，从某种程度上来说破坏了大自然的平衡。

现在，明令禁止射杀天鹅，如果谁猎杀了天鹅，就会被处以罚款，而且是数额不小的罚款。

人们依然可以在涅瓦湾打野鸭，因为它们的数量多得很。

**点评**

看来真的是"物以稀为贵"呀。

**我的笔记**

## 拓展训练

春天的第二个月，天空、大地、河流、农庄、城市，分别都发生了什么大事？根据你对以上内容的阅读，用自己的语言整理成段落。

## 延伸思考

1. 在你学过的古诗词中，哪一首更适合春天的第二个月？

2. 关于鸟类的迁徙科普知识，除了本章所学，你还知道哪些？

3. 在这之前，你有想到过森林里树木之间也会发生激烈的战争吗？现在知道了，请说一说你的感想。

# No. 3

## 载歌载舞

（春季第三月）

每一年都是一首长诗，
一首由十二个章节组成的太阳诗篇

五月，尽情地欢唱游玩吧！在五月，春天开始认真地做起它的第三件事情：给森林披上衣装。

森林迎来了一个快乐的月份——载歌载舞月。

太阳赢得了胜利，是彻底的胜利，它的阳光和温暖驱走了冬天的严寒和阴郁。晚霞拉起了朝霞的手，我国北方地区迎来了白夜。春回大地，万物一片生机勃勃。高高的树上长出了绿油油的嫩叶，闪耀着光芒。空中飞着数不清的各种昆虫，每到晚间，它们便会成为夜鹰和蝙蝠的猎物。

白天，家燕和雨燕在空中飞来飞去，老鹰在庄稼地和森林上空盘旋，而红隼和云雀则高高飞舞于旷野之上，直达云端。

没有合页的大门打开了，勤劳的蜜蜂挥动着金色的

**点评**

这说明五月份的时候，天气已经非常温暖了，大地暖透了。

**知识锦囊**

合页，严谨一点的名称为铰链。常组成两折式，是连接物体两个部分并能使之活动的部件。普通合页用于橱柜门、窗、门等。

翅膀飞了出来。到处一片欢声笑语、舞姿翩翩：黑琴鸡在地上，公鸭在水里，啄木鸟在树上，林鹬在森林上空。如果用诗人的话来说就是："此时此刻的俄罗斯大地，万物生灵皆在欢唱。森林里的肺草也努力透过去年残留的旧叶子，散发出幽幽的蓝光。"

为什么我们的五月又被叫作"哎呀月"呢？

因为五月既温暖又寒冷，白天阳光明媚，而晚上常常是："哎呀！好冷啊！"有时，五月的森林就是一个天堂；而有时，五月则是"快给马儿喂上草，然后赶紧爬到火炕上"！

对比

指出同时同地的温差有时也很大。

## 快乐五月

森林里，大家都想要展示自己的勇敢、力量和敏捷。这个时节，如果没时间表演歌舞，牙齿和嘴巴就会痒痒的，就想找碴打架。空中到处可见飞舞的绒毛和羽毛。

点评

勇于表达和展现自己，也是一种勇敢，勇气可嘉。

森林居民都很焦虑，因为这是春天最后一个月了。

夏天很快就要来临，需要考虑筑巢和孵化幼鸟的问题了。

乡下人说："俄罗斯的春天本来不介意过独身生活；然而，一旦布谷鸟发出布谷－布谷的叫声，夜莺传出它美妙的歌声，春天就会一头扎入夏天的怀抱。"

请思考

乡下人的这段话是在表达和传递什么呢？

# 森林里的故事

## 森林乐队

这个月里，夜莺放开喉咙歌唱，从早到晚，歌声不断。

孩子们十分好奇，它们到底什么时候睡觉呢？春天的时候，鸟儿没有时间睡大觉，它们的睡眠时间通常很短。白天或者夜里，在歌唱的间歇，利用个把小时的时间，它们就可以睡上一觉。

每天清晨和傍晚，不仅是鸟儿，森林里所有的动物都在歌唱和演奏，真是“八仙过海，各显其能”。在这里，你可以听到嘹亮的歌声、小提琴声、鼓声、长笛声、吠叫声、咳嗽声、嚎叫声、尖叫声、嗡嗡声、呼噜声、呱呱声等。

**点评**

夜莺终于等来了它们的好时节，要一展歌喉啦。

**字词释义**

八仙过海，各显其能：比喻做事各有各的一套办法，或各自施展本领，互相比赛。

燕雀、夜莺和歌鸫鸟的歌声嘹亮、清澈；甲虫和蚂蚱如拉小提琴般发出“吱嘎”的声音；啄木鸟“咚咚”地敲鼓；黄鹂鸟和白眉鸫鸟吹着笛子；狐狸和雷鸟在吠叫；狍子发出咳嗽声；狼在嚎叫；猫头鹰厉声啸叫；熊蜂和蜜蜂“嗡嗡”作响；青蛙“呱呱”叫个不停。

**点评**

这些来自大自然和动物界的声音真是太美妙了，值得我们用心倾听、欣赏。

谁也不会因为嗓音不动听而感到尴尬，它们个个都选择自己喜欢的乐器进行演奏。

啄木鸟通常会选择能发出响亮声音的干树杈，那就是它们的鼓，而它们那硬硬的长喙就是打鼓棒。

天牛坚硬的脖子发出“吱嘎”的声响，这不就是在拉一把小提琴吗？

蚂蚱是用爪子摩擦翅膀发出声音的，它们的爪子上有一个个钩状的凸起，而翅膀上有许多小豁口。

棕黄色的鹭鸟把它长长的喙扎入水中，吹口气，“哞”的一声，声音传遍整个湖面，就像一头公牛发出了一声吼叫。

而沙锥鸟竟然能用尾巴唱歌。它先是飞上高空，然后再俯冲下来，展开尾部。尾羽间呼呼的风声，恰似小羊“咩咩”的叫声，简直分毫不差！

**点评**

鸟能发出牛一样的叫声、羊一样的叫声，简直太神奇了。

瞧，多么棒的森林乐队啊！

## 客 人

在一些树下距离地面不高的地方，顶冰花那星状的黄色花朵早已摇曳生姿。

当树木还光秃秃的时候，明媚的阳光能轻易照射到大地上，顶冰花就已长出地面了。在温暖的阳光下，它们开始开花，而旁边的紫堇也已绽放。

看见初放的紫堇花，别提多赏心悦目了！紫堇花浑身上下都很美。一朵朵淡紫色的小花长相奇异，呈马刺状，在花茎的顶端聚成一束，而灰蓝色的叶片则呈锯齿状。

**请思考**

你是个爱花人吗？如果是，请选出你最爱的花，用心描述它美丽的样子。

现在，顶冰花和它的邻居紫堇都该离去了。树荫越来越浓密，严重影响了它们的生存。它们应该尽快归家，而它们的家就在地下。它们只能算是地面上的客人。播下种子后，它们就会悄无声息地消失。而在地下，小小的球茎和圆圆的块根会安然度过整个夏天、秋天和冬天。

如果你想把它们移植到自己家里，那就得趁花还没凋谢时赶紧去挖。一定要小心地、用力地挖。你一定会感觉惊讶，在地下，这些并不高大的植物竟然有这么长的根茎！

在土地冻得很结实的地方，顶冰花和紫堇的球茎和块根会扎到很深的地下，而在温暖的地带，它们会在接近地

**点评**

这是因为植物的生长需要阳光、温度、水、空气等条件。温度过低时，球茎和块根会被冻伤或冻死。

表的地方。当你要移植它们时，一定要记得这一点哦！

巴甫洛娃

## 田里的声音

**拟人**

将鹌鹑写得生动可感，更显示出人与动物的亲密。

我和一个同伴一起去田里锄草。我们静静地走着，突然听见一只鹌鹑的声音从草丛里传来："快去锄草！快去锄草！快去锄草！"

我对它说："我们这就是去锄草啊。"可它还是一声接一声地说："快去锄草！快去锄草！"

**点评**

田野里的声音真丰富，简直可以组成一个合唱团。

我们路过一个水塘。青蛙从水中探出头来，一边在耳边吹出泡泡，一边叫个不停。其中一只叫道："傻瓜！傻瓜！"而另一只回应道："就是你！就是你！"

我们来到田边，圆翅的风头麦鸡飞过来迎接我们。它们在我们头顶上盘旋，问我们："你们是什么人？你们是什么人？"接着，还是不断地问："你们是什么人？你们是什么人？"我们说："我们是克拉斯诺亚尔卡村的。"

森林通讯员　库罗奇金

（克拉斯诺亚尔卡村）

## 鱼儿的声音

有人将水下录制的声音联入无线电装置，扬声器里立刻发出一些从未听见过的声音，掩盖住了房间里人们的说话声。有沉闷的“吱嘎”声，有刺耳的尖叫声，有呻吟声，还有一种很特殊的“呱呱”声。突然间，又传来一阵震耳欲聋的噪鸣声。所有这些声音都是各种各样的黑海鱼类发出来的，每一种鱼类都会发出自己独特的声音，这种声音能将它们与海底王国中的其他生物种类区分开来。

**点评**

原来水下的世界也是热闹非凡啊，原来鱼儿也会说话呀，真是太好玩了。以后如果有机会潜水，一定要注意观察聆听哦。

现如今，这些特殊的声呐仪器好像是人类在海底安装的一双耳朵，我们得益于这项发明，才能得知海底世界并不是一片死寂，鱼儿也并不是沉默不语。这项发明还具有重要的实践意义。借助于水下声音探测器，我们能得知珍贵鱼类的聚集地及其活动方向。这样一来，再去捕鱼就不用盲目地靠猜测了，而是可以准确知道它们的位置。甚至有一天，人们也许会通过模仿鱼类的声音来召唤鱼儿。

**点评**

人们常说“科技改变生活”，真是这样啊，借助水下声音探测器，人类的捕鱼行动更加精确了。

## 最后飞回来的鸟儿

春天即将结束。最后一批在南方过冬的鸟儿飞回了列宁格勒州。

不出我们所料，这都是些羽毛鲜艳的鸟儿。

如今，草地上开满了鲜花，树上也长出了新叶，这些鸟儿很容易躲起来，避开猛禽的攻击。

> **点评**
>
> 这些美丽的鸟儿之所以姗姗来迟，纯粹是为了自我保护啊。

在彼得宫，人们看到一条小河的上空有一只祖母绿、棕黄、天蓝色相间的翠鸟。它是从埃及飞回来的。

> **点评**
>
> 通过这三个色彩词，我们很容易想象这只鸟的美丽程度。

在一片密林里响起了长笛般的声音，这是黑翅金莺在啼叫。它的叫声呜咽，如同瘦弱的流浪猫发出的声音。黑翅金莺是从南非飞回来的。

在潮湿的灌木丛里，出现了一些蓝喉歌鸲和杂色的石鵰。

能在沼泽地里发现黄鹡鸰。

长着粉红胸羽的伯劳鸟，五颜六色、脖颈处戴着毛茸茸围巾的流苏鹬，以及蓝绿色的蓝胸佛法僧鸟也都飞回来了。

> **点评**
>
> 这么多美丽的鸟儿，单单听这名字，就特别吸引人，有机会一定要拜会它们。

## 几家欢喜几家愁

森林里的一切生灵都很开心，只有白桦树在哭泣。

炙热的阳光下，白桦树液透过树皮上的孔隙流到外面，沿着整个白色的树干流了下来，越流越快。

人们认为白桦树浆好喝又有营养，所以，他们划破树皮，把它的浆液收集到瓶子里。

流出太多树浆的白桦树会渐渐干枯，慢慢死去；因为，树浆之于树木，就像血液之于我们人类。

**比喻**

把白桦树的树浆比喻为人类的血液，说明它很重要。

## 松鼠馋肉了

整个冬天，松鼠都靠植物为生：啃松球，吃秋天储存的蘑菇；而现在，是时候该开开荤了。

这个季节，很多鸟儿都已经筑好了巢，产了蛋，甚至还有一些已经孵出了幼鸟。

这下，松鼠可高兴了。它会找到安在树枝和树洞里的鸟巢，把里面的幼鸟或鸟蛋掏出来吃掉。

**点评**

真是几家欢喜几家愁啊，松鼠的欢喜却是鸟儿的悲哀。

在破坏鸟巢这件事情上，这种啮齿类动物不逊于任何一种野兽。

## 快去采果子！

草莓成熟了。洒满阳光的土地上，红红的草莓果熟透了，又香又甜！咬上一口，那滋味让你回味无穷。

欧洲越橘也成熟了，而沼泽地里的云莓果也快熟了。低矮的越橘树上结的越橘果很多，而草莓结的果子

**点评**

正因为云莓如此吝啬，果子如此稀少，吃到的人才倍感幸运呢。

一般不会超过五个。最吝啬的要数云莓，只在花茎顶端结了一个果子；而且，还不是每株都结，有些云莓只开花不结果。

巴甫洛娃

## 森林里的战争（续）

到达森林荒地的记者曾经给我们写过报道，你们还记得吗？他们一直在期待着有一天荒地能变得郁郁葱葱，盼望着地上长出新的云杉树。

他们的愿望实现了。几场温暖的春雨过后，在一个美丽的早晨，荒地都变绿了。从地里冒出来的是什么呀？

根本就不是小云杉树！而是一些野草，有苔草和拂子茅。不知它们是怎么来到这里的。它们抢先一步，先于云杉冒出了地面，而且长得又快又茂盛。无论云杉树多么团结一致地向上长，都还是迟了一步。整片荒地被野草大军占领了。

于是，第一场战争开始了。

小云杉树尖尖的枝条奋力向上，想冲破头顶厚厚的草层；而小草部落则使出浑身解数，极力阻止小树

**请思考**

它们是怎么来到这片土地的呢？通常情况下，植物的种子在大自然中有哪些传播途径呢？

**点评**

这是发生在野草与小云杉之间的生命拉锯战。

冒出头。

战斗在地上、地下同时展开。

草类和树木的根系都顽强地在地下盘踞，争夺空间，就像鼹鼠一样。它们的根彼此缠绕、交错在一起，相互压制，争夺富含矿物盐类的地下水。很多小云杉树最终没能长出地面，拥抱阳光。它们因窒息而死，因为小草那柔韧又结实的根系似细电线一般，把云杉树勒死在地下。

而那些顺利长出来的树苗，也被野草部落紧紧包围，气都喘不过来。

野草缠住云杉树结实的树干。小云杉奋力向上冲，用自己尖利的树梢冲破草族的封锁；小草却不想让它们见太阳。

偶尔会有那么一棵云杉树能够顺利突破重围，战胜小草那难以想象的无穷力量。

当荒地上的战斗处于白热化时，河对岸的白桦树才刚刚开花；而山杨部落已经准备好出征，要向河对岸派出它们的登陆部队。

山杨树上的葇荑花序已经开花，每一个花序里都飞出数百个小小的种子。这些种子头上有白色的冠毛，就像一个个小降落伞。

风携带着这支伞兵部队在空中飘行，它们像白云一

**点评**

野草的生命力真是不可小觑呀。

**点评**

小云杉自然也是不甘示弱，为了生存而使出浑身解数。这种顽强拼搏的精神值得我们学习。

**比喻**

这又是一个精彩的比喻。把葇荑花序的种子比喻为一个个小降落伞，非常形象生动。

样飘过了河，落到荒地的每一个角落，直达云杉国度的边界。

山杨树的伞兵种子像雪花一样落下来，落到了小云杉树和草族部落的头上。第一场春雨后，它们很快就被雨水带入地下，不见了踪迹。

日子一天天过去，荒地的战争还在继续。不过，草族部落已经显出颓势。

小草们拼尽全力向上长，但它们很快就停止了生长，而小云杉树还在一天天不断长大。

这下，轮到草族过悲惨日子了。小云杉树把繁茂的深色枝杈伸向它们头顶，挡住了它们的光线。照不到阳光的小草很快就枯萎下来，耷拉着脑袋。

这时，又一个族群钻出地面，是小山杨树。它们一丛一丛地长出来，一个个惊恐地挤在一起，从头到脚都在颤抖。

它们来得太迟了，已经根本不是云杉树的对手。云杉树用它们暗色的枝条遮住山杨树，山杨树只能卑躬屈膝，在没有阳光的阴影里逐渐憔悴和枯萎。

山杨树是喜阳的树种，没有阳光，它们根本就没法生存。

云杉树占了上风。

随后，荒地又出现了一支新的敌方空降部队。它们

**点评**

可见，在这场生命力战斗中，小草还是敌不过云杉，这说明小草的实力不如云杉强大。

**字词释义**

卑（bēi）躬屈膝：卑躬，指低头弯腰，屈膝，指下跪。形容没有骨气，低声下气地讨好奉承。

乘着双翼飞机而来，也是首先钻入了地下。这是白桦树的种子。它们毫不费力地飞过河流，飘落于荒地的各个角落。

它们是否能战胜第一批占领者云杉部落，目前还不知道。

下一期，我们会刊登记者发来的最新报道。

点评

设置悬念，让读者充满期待，阅读兴趣高涨。

## 农庄纪事

农户们有很多活儿要干。春播后，要往地里运一些粪肥和矿物肥，把它们撒到地里，进行翻耕，为播种秋季作物做好准备；然后，就要忙活菜园子了，先栽土豆，然后是胡萝卜、芜菁、黄瓜和圆白菜；亚麻也长高了，该给它锄草了。

> **点评**
> 有春播、春耕的辛苦劳作，才会有秋天收获的喜悦。

孩子们也都没闲着。地里、菜园、花园，到处都有他们忙碌的身影。他们帮着栽种、锄草、修剪树枝。农庄里要做的事情可真多啊！要准备一整年用的桦树笤帚，还得砍一些嫩荨麻，用来做汤。用嫩荨麻和酸模做的蔬菜汤特别美味。还要捕鱼。欧鲌鱼、拟鲤、红鳍鱼、河鲈、鲈鱼、欧鳊鱼、小雅罗鱼等，这些可以钓上来；江鳕和狗鱼可以用鱼笼和鱼篓去抓；还可以用鱼饵来捕捉河鲈、狗鱼和鳕鱼。

> **点评**
> 孩子们如此勤劳，大概也是受了大人们的影响吧。

晚上，可以用大捞鱼网（绑在一根长棍上）捞上各

种各样的鱼。

**场面描写** 描写了人们一边劳作，一边在火堆旁夜话的场景，非常温馨。

夜间，人们把捞虾网安放好，然后坐在火堆旁，等着虾越聚越多。与此同时，人们谈天说地，聊聊趣闻，讲讲吓人的故事。

早晚时分，再也听不到庄稼地里传来灰山鹑的叫声。越冬的黑麦已经长到齐腰高，春播作物也开始慢慢长大。

灰山鹑一直待在庄稼地里，但它现在不能叫了，因为巢就在旁边，母山鹑正在巢里孵蛋。现在，它必须保持沉默，否则，就会招来祸患：叫声可能会招来鹞鹰、淘气的孩子，还有狐狸。他们都有可能捣毁它的巢穴。

## 新林区

在俄罗斯联邦的中部及北部地区，春季植树工作已经结束。新林区的占地面积大概为 10 万公顷。

**点评** 这么大面积的森林保护带对于保持土壤、防治风沙、净化空气都很有帮助。

今年春天，在苏联的欧洲部分，那些坐落于草原及森林地带的农庄一共种植了大概 25 万公顷的森林保护带。

与此同时，农庄庄员们还开辟了大量苗圃。这些苗圃能为明年的植树活动提供 10 亿多棵不同种类的树苗。

秋天的时候，俄罗斯联邦的林业部门还会再栽种几十万公顷的新林。

塔斯社

## 城市新闻

### 列宁格勒惊现驼鹿

五月三十一日一大早，在梅契尼科夫医院附近出现了一只驼鹿。在最近几年里，在列宁格勒市区多次发现驼鹿。人们普遍认为，驼鹿来自弗谢沃洛日克森林地区。

### 鸟说人语

一位先生来到《森林报》编辑部，给我们讲道：

“早上，我去公园散步，突然从灌木丛里传来一阵口哨声。有谁声音很大地一直问我一个问题：‘看见特里什卡没有？’我望了望四周，一个人也没有，只有一只

**新闻报道的要素**

新闻报道一般包含六要素：时间、地点、人物、事件、原因、过程。本段虽然非常短小，但基本都包含了。

**新闻线索渠道**

新闻报道离不开新闻线索。新闻线索是指为新闻采访报道提供讯息。新闻线索的获得渠道有多种，其中之一便是群众主动提供。比如这位先生就是新闻线索提供者。

红色的鸟落在灌木丛上。我看了它一眼，心想：‘这是什么鸟？它在问哪个特里什卡？’随后，这只鸟又叫了起来：‘看见特里什卡没有？’我向前迈了一步，想走近看看究竟是怎么回事。它却一下子钻进灌木丛里，不见了踪影。”

这位先生看见的鸟叫朱雀，来自印度。它的鸣叫声听起来确实像在问问题；只不过，在翻译成人类语言时，每个人会有不同的翻译结果。有人说，他听到的是：“看见特里什卡了吗？”而有的人听到的则是：“看见格里什卡了吗？”

读书笔记

## 飘来的云团

六月十一日，列宁格勒许多市民都在涅瓦河边散步。天空万里无云，酷热难耐。房屋、马路上的沥青都散发着热气，让人无法呼吸。孩子们都烦躁得直耍脾气。

天气描写
天气描写烘托了市民们在河边散步的氛围。

突然间，从宽宽的涅瓦河对面飘来一大朵灰色的云。

所有人都驻足观看。这块云飘得很低，就在水面上方不高的地方，而且，眼看着一点点变大。

伴随着一阵沙沙声，云朵飘到路人身边。大家这才看清楚，原来这根本就不是云朵，而是一大群蜻蜓。

点评
人们之所以看错，是因为蜻蜓的数量一定有很多很多，非常密集。

顷刻之间，如变魔术般，周围的一切都不同了。

这一大群蜻蜓不停地扇动翅膀，给人们带来了一阵凉爽的微风。

孩子们也不闹了，他们兴奋地看着太阳光照射在蜻蜓的彩色翅膀上，空中变得五颜六色。

路人的脸上也一下子变得五彩斑斓起来，因为有各色彩虹和光影在他们脸上跳动。

**点评**

通过这些描述，可以想象那是一种非常浪漫的体验。

这朵动物云伴随着一阵沙沙声从河岸上空飘过，然后越升越高，最后消失在高楼大厦之间。

这是一群刚出生不久的小蜻蜓，它们组成了一个和睦的大家庭，一起去寻找新的住处。它们在哪儿出生，又在哪儿安家，没有人知道。

**点评**

一群出生不久的蜻蜓，也在寻找着它们美丽的新家，追求幸福的生活。

出现这么一大群蜻蜓是常有的事，如果你什么时候看见了，一定要留意一下：它们从哪里来，又去了哪里。

## 去采蘑菇

一场适时、温暖的春雨过后，就可以去郊外采蘑菇了。这时，从地下长出了红菇、桦蘑和白蘑，它们是第一批夏季蘑菇，被称为抽穗菇。它们长出来时，秋播的黑麦正好开始抽穗了。在夏天结束的时候抽穗菇

**点评**

你知道几种蘑菇的名字？请总结一下，并说一说它们的形状和口感。

**字词释义**

销声匿(nì)迹：不再公开讲话，不再出头露面，形容隐藏起来不出声不露面。

会销声匿迹。

当你发现花园里的丁香花开始凋谢的时候，就意味着春天结束，夏天到来了。

## 试飞

当你走过公园、街道和林荫路时，可以抬头向上望望：会不会有一只小乌鸦或小椋鸟从树上掉下来，落到你的头上，或者一只小寒鸦、小麻雀从屋顶上掉下来，砸到你。因为这个时候，它们都刚刚离巢，还在学习怎么飞行。

## 蝙蝠的回声探测器

夏天的一个傍晚，一只蝙蝠从开着的窗户里飞了进来。

女孩子们都吓得大叫：“快把它赶出去！快把它赶出去！”然后赶紧用头巾蒙上头。

**点评**

说明蝙蝠这个“不速之客”太贸然了，而且样子又难看。

已经秃顶的爷爷含混不清地嘟囔道：“它是冲着窗户上的光来的，才不稀罕咱们的头发！”

以前，科学家们一直不清楚，为什么蝙蝠在深夜飞行时能辨别道路。

人们曾把它的眼睛和鼻子都蒙住，但它还是能避开空中的一切障碍，甚至房间里拉起的细细的线，还能灵敏地躲开捕虫网。

在回声探测仪发明后，这个谜才被解开。现在已经证实，所有蝙蝠在飞行时嘴里都会发出一种超声波，一种人类听不到的超细声音。这种声音遇到阻碍物会反射回来，听觉敏锐的蝙蝠就会接收到信号，比如“前面有墙”，或者“前面有线”，或者“有小蚊子”。只有非常纤细且浓密的女性头发反射超声波的性能不佳。

当然，秃顶的爷爷没什么好担心的，而女孩子们那浓密的头发极有可能被蝙蝠误认为是窗口的光，从而冲着她们飞过来。

**点评**

蝙蝠的这种能力真是令人觉得太不可思议了。

**点评**

谜底揭晓，记住这些知识，你可以讲给小朋友听。

## 欧鼹

有些人认为欧鼹是啮齿类动物，它们钻到地下会吃植物的根，像某种生活在地下的老鼠。这可是冤枉了欧鼹。欧鼹根本不是老鼠，而更像是长着柔软皮毛的刺猬。它也属于食虫类动物，吃金龟子及其他害虫的幼虫，绝对是人类的朋友。它们并不啃食植物。

欧鼹在人们的花园和菜园里挖洞，会堆出一个个土堆，压坏花和蔬菜，如果有谁对此无法容忍，可以在一

**点评**

下次遇到欧鼹时，不要讨厌它们哟。

根高高的杆子上安一个风轮，插到地下。

风一吹，风轮就会转动，杆子就会晃动，地面也会翻出颤动，而欧鼹洞里就会响起“嗡嗡”的声音，这样一来，所有的欧鼹都会跑出来。

少年科学研究小组成员　尤拉

我的笔记

## 拓展训练

1. 从本月份的报道内容中找出三个以上有趣的成语或词语，并用它们写成一段话。

2. 根据你已经学习的新闻报道的格式，也写一篇来自你们本地的五月报道。

## 延伸思考

1. 你新认识了哪些鸟类朋友？

2. 你新认识了哪些植物朋友？

3. 你新掌握了哪些农耕生产知识？

# No. 4

## 安家筑巢月

（夏季第一月）

## 每一年都是一首长诗，一首由十二个章节组成的太阳诗篇

**文前小问号**

你喜欢夏季吗？看看森林里的夏季和你家乡的夏季有什么不同吧。

六月是粉红色的，它代表着春季的结束、夏天的开始。六月份，白昼时间最长，最北的地方甚至没有夜晚，太阳始终不落山。在潮湿的草地上，有很多金莲花、驴蹄草和毛茛（gèn）。在阳光的照射下，它们显得尤为鲜艳，草地也因它们而变得金灿灿的。

在这个阳光最多的季节，人们开始采集、储存一些可入药的植物花朵和根茎。在突发病症时，可以用它们给自己补充一些来自阳光的养分和生命力。

作为一年中白昼最长的一天，六月二十二日的夏至

**请思考**

为什么说六月是粉红色的？你赞同吗？如果不，那你认为应该用什么颜色形容六月呢？

**请思考**

这些花儿，你都见过吗？在你们当地，六月开放的花儿有什么？

**知识锦囊**

夏至是二十四节气之一。这一天北半球白天最长，夜间最短。

日已经过去。

从这一天开始，白昼慢慢地、慢慢地变短；但有时，你又感觉好像天一下子就变短了，就像春天白昼慢慢变长时给人的感觉一样。

民间常说："在六月，夏天慢慢露出它的头……"

> **双引号的用法**
> 在本句中，双引号的作用是表示引用。

鸟儿都筑了巢，巢里有颜色各异的蛋。薄薄的蛋壳里是隐约可见的柔嫩的小生命。

## 绝妙的房子

现在，整个森林上上下下都被占领了，连一块空地都没有了。鸟兽鱼虫都找到合适的地方安了家，有的在地上，有的在地下，有的在水上，有的在水下，也有在树上、草丛和空中安家的。

> **点评**
> 真没想到，我们看上去密密实实的森林，竟然隐藏着这么多动物的家。

空中是黄鹂鸟的家，它在高高的地面之上，在一棵白桦树的树枝下筑了一个篮子状的巢。这个巢由大麻、草茎和毛发编织而成，巢里有黄鹂鸟的蛋。真奇怪，当风吹动树枝的时候，这些蛋竟然能完好无损。

> **点评**
> 这说明黄鹂鸟筑的巢非常结实。

云雀、林鹨（liù）和黄鹀以及其他许多鸟儿在草丛里筑了巢。我们的记者最喜欢的是欧柳莺的巢，它由干草和苔藓编成，上面还有屋顶，像个小窝棚，鸟巢入口在侧面。

> **点评**
> 欧柳莺的巢确实很精巧啊。

飞鼠（一种前后肢间有飞膜的松鼠）、蛀木虫、小蠹（dù）

虫、啄木鸟、山雀、椋鸟、猫头鹰等的家安在树洞里。

地下是鼹鼠、老鼠、獾、灰沙燕、翠鸟和各类昆虫的家。

凤头䴙䴘（潜鸟的一种）的巢浮在水面上。它由沼泽地中的水草、芦苇和水藻做成。凤头䴙䴘伏在巢里沿湖面漂行，就像坐在竹筏上一样。

水蛾和银蜘蛛的家安在水下。

## 用什么筑巢？

森林里鸟儿的房子由各种材料建成的。

歌鸫鸟的巢是圆形的。它把一些腐烂的木屑涂抹在巢内的墙壁上，好像我们用洋灰涂刷房间一样。

家燕和白腹毛脚燕用自己的唾液和上泥土来筑巢。

黑头莺用轻巧有黏性的蜘蛛网把一些细枝条连起来做巢。

䴓（shī）鸟喜欢沿着陡直的树干倒立行进。它把家安在一个树洞里，树洞的出口很大，为了防止松鼠钻进来，䴓鸟用黏土把洞口封上，只留一个小小的出入口，方便自己进出。

一只绿、棕、蓝三色相间的翠鸟给自己筑的巢最有趣。它在岸边挖了一个深坑，上面铺了一层细细的鱼骨

读书笔记

点评

真佩服这些鸟儿，不仅找到合适的材料筑造安乐窝，而且个个都是能工巧匠。

点评

鸟儿的安全防护措施做得也非常到位。出入口设计得易守难攻。

做“垫子”，这个“垫子”十分柔软——这就是它的家。

## 寄人篱下

点评 也可以比喻这些动物为“寄生虫”，因为它们需要寄居在“别人家”。

那些不会筑巢或懒得筑巢的动物，住到了别人家里。

杜鹃鸟会把自己的蛋放到鹡鸰、知更鸟、莺以及其他一些善于持家的小型鸟类的巢里。

白腰草鹬会找一个废弃的乌鸦巢，在里面孵化幼鸟。

在被水淹没的沙滩上，废弃的虾蟹洞很受鮈（jū）鱼的喜欢，它直接把卵产在里面。

一只麻雀很聪明，找到了一个筑巢的好地方。

它曾在一个屋檐下巢了筑，但被淘气的孩子们破坏了。

它又在一个树洞里安了家，但伶鼬把它的蛋都掏走了。

于是，这只麻雀把家安到了老鹰的大巢里。在鹰巢里，在粗大的树枝之间，完全容得下它的小房子。

点评 麻雀这么做，也是被逼无奈，是自我保护的需要。因为除此之外，它把家安在哪里，都有人或别的动物来破坏。

如今，麻雀过着平静的生活，谁也不用再害怕了。身形巨大的老鹰根本不会注意它这么小的鸟。现在，无论是伶鼬还是猫，抑或是鹞鹰，甚至是淘气的孩子们，都无法再破坏麻雀巢了，因为谁都害怕大老鹰。

# 森林里的故事

## 有趣的植物

池塘里已经布满浮萍，有人说这是水藻；但实际上，浮萍是浮萍，水藻是水藻。浮萍是一种很有意思的植物，跟别的植物不一样。它有一根小小的根须加上一片漂浮在水面上的绿色圆片。圆片上有椭圆形凸起，是浮萍的茎和嫩枝。浮萍没有叶子，有时会开花，但极罕见。浮萍不需要开花就可以繁殖，方式既简单又快速：只要从茎上脱落下一个嫩枝，浮萍就由一株变成了两株。

浮萍生活得随意、自由，没有什么东西能把它固定在一个地方。只要有鸭子游过，浮萍就会粘在它的爪子上，跟着它游到别的池塘。

巴甫洛娃

**细节描写**

细节，指人物、景物、事件等表现对象的富有特色的细小环节。它是小说、记叙文情节的基本构成单位。细节描写富有表现力，能增加文章的艺术感染力。

**点评**

在很多文学作品中，我们看到作者会以浮萍自称。这说明，除了自由，浮萍也象征着无依无靠的孤独状态。

## 狐狸迫使獾搬了家

字词释义

井然有序：形容整齐有次序，一点儿也不混乱。

点评

狡猾的狐狸是不会这么善罢甘休的。

点评

这正是狐狸希望看到的结局。

狐狸遇到了大麻烦：洞里的天花板塌了，差点儿压死狐狸宝宝。

狐狸一看事情不妙，得赶紧搬家。

狐狸来找獾。獾洞很豪华，是它亲自挖的。有出入口，还有以防万一的备用洞。洞很大，完全可以容纳两个家庭生活。

狐狸请求借住，可是獾不同意。它可是个严厉的主人，喜欢一切井然有序，干干净净，怎么会让狐狸一家住进来呢？

獾把狐狸赶了出去。

狐狸心想："哼！你竟然这样对我，咱们走着瞧！"

它假装离开进了森林，而实际上却偷偷躲在灌木丛后等待时机。

獾往外一看，不见了狐狸的踪影，于是，从洞里爬出来，去林子里逮蜗牛去了。

这时，狐狸偷偷溜进洞里，在地板上解了大便，然后就跑掉了。

獾回来发现了异常："我的天呀！怎么这么臭！"

它恼怒地哼了一声就搬走了，又给自己挖了一

个洞。

而这正是狐狸求之不得的。

狐狸带着自己的宝宝搬到獾洞里，过上了舒适的生活。

> **点评**
> 这样的生活是通过给别人使坏得来的，有点儿不厚道啊。

## 会变魔术的花

草地和林间空地上开满了紫红色的矢车菊。看见它们，我就会想起伏牛花，因为它们跟伏牛花一样，都会变魔术。

矢车菊开的花不是一朵，而是一个花序，边缘那些美丽而又蓬乱的角形花其实是无实花，不结果。真正的花长在中间，呈深紫色细管状。每一根小细管里都有雌蕊和会变魔术的雄蕊。

> **拟人**
> 把矢车菊的雄蕊人格化，说它们会变魔术，非常有表现力，提高读者的阅读兴趣。

只要碰一下这根深紫色的小细管，它就会向旁边一歪，接着，一团花粉会从细管口掉出来。

过一会儿，再碰它一下，它就又会抖动一下，然后，花粉又落了下来。

这就是雄蕊的魔术！

花粉不会随意掉落，而是根据每只昆虫的需求按份掉落。昆虫可以带走、吃掉这些花粉，也可以沾在身上，只要能把它们带到别的矢车菊上，哪怕一点点

> **点评**
> 这其实就是矢车菊的受粉过程。

也好。

巴甫洛娃

## 神秘的夜间杀手

**设置悬念**

悬念是艺术作品的一种表现技法，是吸引广大读者兴趣的重要艺术手段。本报道一上来就设置了悬念，说森林里出现了一个神秘的夜间杀手，吸引了读者的好奇心。

森林里出现了一个神秘的夜间杀手，林中动物们一片恐慌。

每天夜里都会有几只小兔子莫名失踪，每到深夜，小鹿、花尾榛鸡、黑琴鸡、松鸡、兔子和松鼠就会惶惶不安。不论是灌木丛上的鸟儿、树上的松鼠，还是地上的老鼠，都不知道危险会在哪里等着自己。这个神秘的杀手有时突然从草丛里出现，有时从灌木丛里窜出来，有时又会从树上跳下来进行袭击。也许杀手不止一个，可能是一群。

几天前的一个夜晚，山羊一家在草地上吃草。这一家有公山羊、母山羊和两只小山羊。公山羊在距离灌木丛八步远的地方放哨，而母山羊则领着幼崽在草地中间啃着地上的草。

**点评**

母山羊和幼崽可谓是死里逃生。

突然，从灌木丛中一下子跳出来一只黑乎乎的东西，直接扑向公山羊的后背。公山羊倒下了，母山羊带着幼

崽逃回了森林。

第二天早晨，母山羊回到草地。此时，公山羊已被吃得干干净净，只剩下四肢和头上的角。

昨天夜里，一只驼鹿也遭到了袭击。它走在一个偏僻的树林里，突然发现一棵树的一个树杈上好像长了一个十分丑陋的大瘤子。

驼鹿号称森林巨人，它还怕什么呢？它头上的巨角威力无穷，就算熊也要让它三分。

> **点评**
> 把驼鹿说得越厉害，越能衬托出神秘杀手的凶险。

驼鹿走到树下，刚想抬头看看这大瘤子似的东西究竟是什么，突然，一个恐怖的、足足有三十千克重的东西落到了自己的后脖颈上。

这出其不意的袭击可把驼鹿吓坏了，它摇晃了一下脑袋，把这个东西从后背上甩了下去，然后，头也不回地逃跑了。直到现在，它也不知道究竟是谁在夜里袭击了它。

我们的森林里没有狼，而且，狼也不会爬树。熊现在正在密林里褪毛，而且，它也不可能从树上跳下来攻击驼鹿。那么，这个神秘的夜间杀手究竟是谁呢？

目前，尚不清楚。

> **点评**
> 增加这个“夜间杀手”的神秘感，再次留下悬念，引人联想。

## 蜥　蜴

我在林子里的一个树桩旁抓到一只蜥蜴，把它带回了家，放在一个大大的罐头瓶里，里面再放上些沙子和小石头。我每天都给蜥蜴换草皮、换水，并放进去一些苍蝇、甲虫、幼虫、蚯蚓和蜗牛等。蜥蜴总是用大嘴抓住它们并贪婪地享用。它特别喜欢菜白蝶，能很快把头转向蝴蝶所在的方向，张开嘴，伸出它分叉的舌头，然后，像狗一样跳起来去咬住这些美食。

**点评**　说明作者对蜥蜴的照料非常细心、精心。

**点评**　我们从中可以了解蜥蜴的生活习性。

一天早晨，我在罐头瓶里的石子之间发现了大约十枚椭圆形的蛋。蛋是白色的，外壳薄而柔软。蜥蜴把这些蛋下在一个太阳照得到的温暖的地方。

一个多月后，小蜥蜴破壳而出。它们小小的，活泼好动，跟它们的妈妈一模一样。

就在刚才，这一家子还爬到石头上面，舒舒服服地晒了会儿太阳呢。

森林记者　希什基亚科夫

## 小燕雀和它的妈妈

我家的院子里，花草郁郁葱葱。

我走在院子里，突然一只小燕雀从我脚下飞了出来。它头顶上的绒毛里露出一对小小的角。小燕雀向上飞了一下，随即又落了下来。

我抓住它带回家，父亲建议我把它放在打开的窗户前。

> **请思考**
> 父亲为什么建议“我”把它放在打开的窗户跟前呢？有什么用意呢？

过了不到一个小时，小燕雀的父母就飞来给它喂食了。

它在我这里待了整整一天。夜里，我把窗户关上，把它放在笼子里。

早上五点左右，我从睡梦中醒来，看见燕雀妈妈落在窗台上，嘴里叼着一只苍蝇。我一跃而起，打开窗户，然后躲在屋角里暗暗观察。

很快，燕雀妈妈又出现了，落在了窗台上。小燕雀开始叽叽喳喳地叫，要东西吃。于是，燕雀妈妈毅然飞进屋子，跳到鸟笼跟前，隔着笼子的栅栏给小燕雀喂食。

> **点评**
> 真是动人的一幕，我们看见了母爱的伟大。

不一会儿，燕雀妈妈就飞走去寻找新的食物了。我把小燕雀从笼子里拿出来，放到了院子里。

当我又想再去看一下小燕雀的时候，它已经不在那里了。燕雀妈妈把自己的孩子带走了。

瓦洛佳·贝科夫

读书笔记

## 杀蚊武器

达尔文国家自然保护区位于一个半岛上，周围是雷宾斯克水库，俗称雷宾斯克海。这里是一片特殊的新形成的水域，不久前还是一片森林。水库里的水很浅，有些地方还能看见露出的树梢。由于水温较高且是淡水，水面繁殖了大量蚊子。

点评：说明这里的水质不太好，容易滋生细菌和虫子。

这些小吸血鬼成群结队钻进科学家的实验室，飞进餐厅和人们的卧室，使得大家无法工作，无法好好吃饭，也睡不好觉。

晚上，封闭的室内传来射击声。

怎么了？发生了什么？没什么大事，是人们在射杀蚊子。

设问：自问自答，起到了承上启下的过渡作用。

当然，枪里装的不是真正的子弹，不是铅弹。人们在带金属盖的弹筒里装上一点儿打猎用的火药，上面用填弹塞压紧，然后在装满杀虫粉，最后在上面再塞一个填弹塞，以免药粉撒出来。

这样一来，在射击时，杀虫粉就会散落到室内每一个角落，进到所有缝隙里，蚊子就都被杀死了。

## 空中的大象

天空中飘着一大片黑压压的乌云，就像一头大象。它不时把长鼻子伸到地面，这时，地面上就会扬起一股尘土。这尘土不停地旋转、上升，越升越高，最后和天空中的长鼻子连在一起，形成一个旋转的大柱子。这柱子非常高，顶天立地。乌云大象将这根柱子吸进肚子里，继续前行。

**场面描写**

此处描写了暴雨骤降之前乌云压顶、狂风肆虐的场面。将复杂的自然现象描写得通俗易懂，形象生动。

它飘到一个小城市上空，停了下来。突然，从这块乌云里下起了雨。这可真是神奇的暴雨啊！只听见噼里啪啦的声音敲击着房顶和人们撑在头顶的伞上。你能想得到这雨里有什么吗？有蝌蚪、青蛙，还有各种小鱼！它们从天上掉下来，落到地上，在街上的水洼里或挤作一团或东蹿西跳。

之后，人们弄清楚了事情的原委：一块大象形状的乌云借助一股顶天立地的龙卷风，在一个森林湖泊里吸了很多水，同时吸进去的还有水里的蝌蚪、青蛙和各种小鱼。它在空中飘了很远一段距离，来到一个小城市上空，把肚里的水连同里面的各种生物一起倾倒下去，随后又飘走了。

**点评**

龙卷风的威力是真大啊，也很危险，万一哪天我们遇到龙卷风，一定要避开。

# 绿色朋友

曾几何时，我们的森林无边无际，一眼望不到头。

但在很久以前，土地的主人们是那些粗心、懈怠的地主，他们并没有好好爱惜这些森林，对森林砍伐无度，也使土地变得越来越贫瘠。

**点评**

虽然我们生活的时代地主早已消失，但这样对森林滥砍滥伐的现象依然存在。

在森林被毁的地方，出现了沙地和沟壑。

田地周围没了森林，远处沙漠干燥的热风吹了过来，将滚烫的沙土吹到农田里，庄稼旱死了，没有森林保护它们了。

河边、池塘边和湖边的树木也不见了。这些水域开始干涸，田地里沟壑纵横。

**字词释义**

沟壑(hè)纵横：本义指山沟互相交错。比喻困厄之境。

如今，人民赶走过去的土地所有者——懒散的地主，开始自己管理庞大的农业经济。人们向旱灾、沙漠燥风、沙土化和沟壑宣战。

而人类的绿色朋友——森林，成为广大人民进行这

场战役的最得力助手。一些河流、池塘和湖泊的岸边赤裸没有树木。我们把森林派过去，让它保护其免受太阳的炙烤。高大挺拔而又威猛的森林勇士伫立在那里，用自己的枝叶为它们遮挡阳光。

沙漠热风摧残着广阔的农田，它吹来的滚烫沙子正在一点点吞噬着我们的良田。我们在那里种上树木，于是，森林勇士用自己的胸膛挡住邪恶的热风，给农田筑起一堵坚不可摧的保护墙。

在那些土地变得疏松的地方，在条条冲沟和干谷越变越大并贪婪地蚕食我们耕地的地方，我们也都种上树。我们的绿色朋友——森林，把自己强劲的根牢牢扎进土里。它能加固土壤，阻止沟壑进一步蔓延，不让它们吞噬我们的耕地。

为治理干旱，努力加油！

**点评**

我们一定要积极植树造林，平日里注意保护森林，向一切有害环保的行为说“不”！

**字词释义**

吞噬（shì）：医学上指包围、破坏细菌或其他异物的现象。比喻侵占不属于自己的财物。

**点评**

森林不仅是人类的朋友，还是人类的保护神。

## 森林里的战争（续）

小白桦树遇到了和小草部落、山杨部落一样的问题，它们也被云杉部落压制，难以生长。

现在，采伐带里的占领者云杉部落已经没有什么敌人了，它获得了胜利。于是，我们的记者收起帐篷去了另一片空地，前年，伐木工人曾在那儿砍伐过树木。

我们的记者在这里亲眼看到了处于战事第二年的采伐区的情况。

云杉部落十分强大，但它们也有两个弱点。

> 点评
> 任何生物都有天敌。

第一个弱点就是：它们遍布各处，根却扎得不深。秋天的时候，宽阔的空地上会刮起大风，许多小云杉树被刮倒，一棵棵连根拔起。

第二个弱点就是：它们没长大之前还不够强壮的时候，十分怕冻。

> 点评
> 总分结构，“第一”“第二”条理清晰地指明具体弱点所在。

小云杉的幼芽被冻坏，柔嫩的枝条被刺骨的寒风吹

断，到了春天，在这片曾经被云杉部落占领的地区竟无一棵云杉树幸存。

播下云杉树种子后并非每年都有收获。这样一来，云杉部落虽然快速获取了胜利，战果却并不牢固，最终还是永久出局了。

**点评** 根基不牢的云杉树没有经得住时间的考验。

春天，长势凶猛的小草部落一钻出地面就重新投入了战斗。

这回，小草部落的对手是山杨树和白桦树。

小山杨和小白桦正渐渐长大，它们轻而易举就摆脱了纤细而又有弹性的小草。对小山杨和小白桦来说，被小草缠绕只有好处。已经死去的去年的枯草趴伏在地上，像厚厚的地毯。它们逐渐腐烂，散发出热量。而新生的小草遮盖在刚刚冒出头的柔嫩树梢上，保护它们免受严寒的侵袭。

**点评** 昔日的对手——小草居然成了小山杨和小白桦的成长“助手”，真是有趣。

矮小的草族部落无法赶上山杨树和白桦树的生长速度，它们落后了。而一旦落后，它们头上就出现了屋顶。

**点评** 用“屋顶”形象地说明矮小的草被遮挡住，见不到阳光了。

长在小草头上的每一棵树都把树枝伸到小草头顶。虽然山杨和白桦树的树枝并不像云杉树枝那么阴郁、浓密，但它们的树叶很宽大，所以树下也会出现很多树荫。

如果周围的树木比较稀疏，小草部落还可以忍受，

但白桦树和山杨树遍布整片空地，它们配合作战，彼此手拉着手、枝条连着枝条，紧紧地靠拢在一起。

这简直就是一块密实的大幕布，在这暗无天日的环境里，树下的小草们都死掉了。

我们的记者很快发现，在战事的第二年，山杨树和白桦树大获全胜。于是，他们又去了第三个采伐区。

在那里，他们会看见什么呢？我们将在下一期报道。

**点评**

在报道结尾处设置悬念，激发了读者继续阅读的浓厚兴趣，制造了阅读期待感。

# 祝您钓到鱼！

## 天气与钓鱼

夏天风很大，暴风会把鱼群驱赶到僻静地带，比如水中的深坑和芦苇丛里。如果恶劣天气持续很长时间，所有鱼都会游到最偏僻的地方，变得懒洋洋的，不愿意进食。

> 点评
> 这里描述了天气对鱼群生活以及行为造成的影响。

在炎热的天气里，鱼儿会寻找凉爽的地方。地下清泉会使水变得清凉。由于天气太热，鱼儿只在清晨或傍晚暑热消退时才会咬钩。

夏季干旱的时候，河流和湖泊的水位下降，鱼儿会游进深坑，但那里的食物很少。所以，如果能找到鱼群所在地的话，一定会大有收获，尤其是采用加料鱼饵的时候。

> 点评
> 这时候，美味对于鱼儿来说，可谓是致命的诱惑。

**动作描写**

“翻炒”“磨碎”“捣软”等一系列动作生动地描写出做麻油饼的过程。

最好的鱼饵加料就是大麻油饼。将大麻用煎锅翻炒，再用磨研磨碎，然后放进石臼中捣软，将其加入黑麦粉或黑麦、小麦、大麦、燕麦等谷粒中，也可将其放入煮软的豌豆、大米和其他豆类中，荞麦和燕麦粥也行。这样一来，这些饵料就会散发出一种新鲜大麻油的味道，鲫鱼、鲤鱼、冬穴鱼和许多其他鱼类都很喜欢这种味道。要每天去喂它们，这样，它们就会习惯这个地方。而一些凶猛鱼类，比如鲈鱼、狗鱼、梭鲈和赤梢鱼等也会随之而来。

**点评**

看来，要想成为一个出色的垂钓者，也需要掌握大量的知识。

短暂的降雨和雷雨会使河水更清新，会唤醒鱼儿的强烈食欲。大雾过后或天气好的时候，鱼儿也更容易上钩。

每个人都能学会预测天气，比如根据气压计、鱼儿咬钩的状况、天上的云朵，随着太阳升起逐渐消散的夜间的雾气，还有地上的露水等来预测天气的变化。明亮的深红色霞光说明空气中含有大量水蒸气，预示着可能会下雨，而麦秆色的霞光则恰恰相反，说明空气很干燥，短时间内不会降雨。

## 用绳子钓鱼

可以用普通鱼竿钓鱼，带浮漂或不带浮漂都可，也

可以用绞竿。除此之外，还可以在船上用绳子钓——只需要一根足够长、足够结实的绳子（50米左右），一端是用钢丝或钢筋制成的把手，另一端是一个带钩的鱼形金属片。用绳子把金属片送到水里，拖在船后，与船保持25米至50米的距离。船上坐两个人，一人划桨，一人操控绳索。让金属片沉入水底附近或者距水底一半的地方。一些凶猛鱼类如鲈鱼、狗鱼和梭鲈等发现头顶的金属片后，会以为那是一条鱼，会扑上去咬住并吞下去，同时拽动绳索。这样，钓鱼的人就知道鱼咬钩了，开始一点点往回拉绳子。用这种方式常常会钓到大鱼。

灌木丛生的高陡湖岸下的深水坑及芦苇丛附近的深水区是在湖上用绳具钓鱼的最好位置。小船应该在河中沿着陡岸旁的河道行驶，或者去石滩和浅滩的上下游地区、水深而又水流平稳的地段。用绳具坐船钓鱼的时候，不能让船发出太大的动静，尤其是在风平浪静的时候，因为哪怕是船桨轻轻击打水面的声音，鱼在很远的地方都能听得见。

**点评**

原来，鱼竿也分为很多种啊。我们最长见到的鱼竿其实是普通鱼竿。

**动作描写**

“扑”“吞”“拽动”准确地表现出那些大鱼的动作敏捷，生性凶猛。

## 农庄新闻

（巴甫洛娃报道）

黑麦已经开花，长得比人还高。一只雄山鹑带着自己的伴侣走在黑麦田里，就像走在森林里一样。它们的孩子，一群小山鹑，已经可以出巢了。现在，它们就跟在爸爸妈妈身后，像一个个黄色的小球。

> **比喻**
> 把小山鹑比喻为一个个黄色小球，表现出了小山鹑的可爱。

割草期开始了，有的地方是庄员手工割，有的地方则用割草机。一辆割草机正挥动着它那两只没毛的翅膀，行驶在草场上。在割草机后面，一排排高大而又清香多汁的青草笔直整齐地倒在地上。

菜园里地垄上的绿色小葱长大了，孩子们总是去拔。

男孩、女孩们相约一起去采浆果。一到夏季的这个

> **点评**
> 那是人人都向往的有趣的活动。

月初，在一些土丘的阳面，甜甜的草莓就开始成熟了。现在是摘草莓的最好季节。森林里的黑莓越橘和笃斯越橘也逐渐成熟。而在长满青苔的森林沼泽地里，结满籽儿的云莓果也逐渐从白色变成红色，又从红色变成金黄色。有这么多浆果，你想摘哪种就摘哪种。

同学们也很想去摘浆果啊，可家里忙得不可开交：要提水，浇园子，还要除草。

读书笔记

## 神奇的药水

有一种药水很神奇，将它喷洒在杂草上，杂草会死亡。对杂草来说，这种药水就是死亡之水。

而如果把这种神奇的药水喷洒在谷物上，它们却丝毫不受影响，仍然充满活力。于它们而言，这种药水就是生命之水。它不仅不会伤害谷物，而且还有助于它们的生长，因为它能去除庄稼的宿敌——杂草。

对比

同样一种药水，对于杂草是死亡之水，对于谷物却是生命之水。二者对药水的不同反应体现药水的神奇之处。

## 被太阳晒伤

在共青团集体农庄里，两只小猪在散步时背部被晒伤，起了泡。人们紧急找来一名兽医给小猪治疗。在一天最热的几个小时，是不允许小猪们出去散步的，就算

点评

晒伤真的是很不幸的一件事，很多朋友在夏季出游时都有晒伤的经历，以后要记得做好防晒工作哟。

有猪妈妈陪伴也不行。

## 浆果旅行

一些浆果成熟了，有覆盆子、黑加仑、醋栗等。它们准备上路了，人们要将它们从集体农庄或国营农庄运到市内去。

> 语言描写
>
> 言为心声。不同的语言反映了不同的心理状态。不同的浆果说出来不同的话，和它们自身的状态有关。硬度高的不担心颠簸，硬度差的就担心得要命。

醋栗并不担心路途遥远：“走吧，我一定会坚持住。越快出发越好，趁着我还没有完全熟透，还很硬实。”

黑加仑也说：“把我用心放好，我也能坚持到目的地。”

只有覆盆子早已闷闷不乐，说道：“最好别碰我，把我留在原地不要动！我对于出门怕得要死，这辈子最怕颠簸了。路上晃来晃去的，我肯定会变成一堆糨糊！”

## 混乱的餐厅

在五一集体农庄的鱼塘里，有一些木桩露出水面。这是一些招牌，上面写着“鱼餐厅”字样。每一个水下鱼餐厅里都有一个四周带栏板的大餐桌，但没有椅子。

> 点评
>
> 看得出，鱼儿们对美食也很期待啊。

每天早上，木桩周围的水面都一片沸腾，鱼儿们在焦急地等着吃早餐。它们的纪律性还不强，大家推推搡

搡，挤成一片。

七点的时候，一些小船会把鱼的早餐从加工厂运到餐厅，有煮土豆、野草种子制成的面团、晒干的五月金龟子以及其他美味食物。

此时，在鱼餐厅里吃早餐的鱼儿很多，每个餐厅至少会有四百条鱼。

点评

鱼的早餐真丰盛啊，营养成分也很全。

读书笔记

# 来自全国各地的报道

## 无线电播报

### 注意啦！注意啦！

这里是列宁格勒《森林报》编辑部。

今天是六月二十二日，夏至日，是一年中白昼最长的一天。现在，我们将举办无线电广播大会，收听来自全国各地的无线电播报。

呼叫冻土带和沙漠！呼叫原始森林和草原！呼叫海洋和高山！

快来告诉我们，在这个盛夏时节，在这些白昼时间最长、黑夜时间最短的日子里，你们那里都发生了什么？

**请思考**

请回忆一下你对夏至这天的印象，可以是自然景物，也可以是自身对天气的体感，然后简单地表述出来。

## 注意收听！注意收听！这里是北冰洋诸岛

你们在说什么夜晚呢？我们早就忘记什么是夜晚，什么是黑暗了。

我们这里有最长的白昼，会持续整整 24 个小时。天上的太阳时而高，时而低，但始终不会落到海里去。这种情况会一直持续 3 个月。

由于一直都有光照，所以地上的小草以一种惊人的速度在生长，不是一天天长大，而是每个小时都有变化。它们很快就长出叶子，开了花。沼泽地里长满了苔藓，甚至光秃秃的石头上也覆盖着五颜六色的植物。

冻土带也苏醒了。

没错，我们这里没有漂亮的蝴蝶和蜻蜓，没有活泼的蜥蜴，没有青蛙和蛇，没有那些整个冬天都藏在地下冬眠的动物。我们这里是永久冻土带，就算夏天，也只是表层解冻。

一群群蚊子在冻土带上空盘旋，但很可惜，我们这里没有灵敏的蝙蝠，它们可是这帮吸血鬼的天敌。不过，就算蝙蝠飞来了，它们也没法在这里生存，因为蝙蝠是在傍晚或深夜捉蚊子，而我们这里的夏天根本就没有黑夜。

读书笔记

点评

光照给自然生物带来的影响真是巨大。

形容词

形容词主要用来描写或修饰名词或代词，表示人或事物的性质、状态、特征或属性。此处“漂亮”“活泼”就是形容词，使得名词更鲜活、灵动、多彩。

我们这里的动物不多，只有兔尾鼠（一种短尾巴的啮齿动物，体型与家鼠差不多）、雪兔、北极狐，还有北方鹿。偶尔，身形庞大的北极熊会从海上游到我们这里待上一阵子，找点儿吃的。

但我们这里有很多鸟，数不清的鸟！虽然现在背阴的地方还覆盖着雪，但飞来的鸟儿可真是多极了。有角云雀、鹨、白鹡鸰，还有雪鹀，它们都属于鸣禽。除此之外，还有海鸥、潜鸟、鹬鸟、野鸭、野鹅、暴风鹱（hù）、海鸟、可笑的大嘴巴花魁鸟以及其他一些神奇的、你可能连名字都没听说过的鸟。

**点评**

这里可谓是鸟的天堂了。这些鸟中，你最喜欢哪一种？请说出你喜欢它们的理由。

到处都是鸟儿的叫声、喧嚣声和歌声。整个冻土带，甚至半空中光秃秃的山岩都被它们占领用来筑巢。有的山崖上有成千上万个鸟巢，密密麻麻挨在一起。只要哪块石头上有一个小坑，哪怕只能放一颗蛋，马上就有鸟儿飞过来占为己有。这里鸟声不绝，喧闹一片，简直太热闹了！如果有哪只猛禽试图靠近这里，就会有一大群鸟飞起来冲向它。它们尖叫着，用喙去啄它，绝不允许它伤害自己的孩子。

**点评**

母爱的力量真是太伟大了，鸟儿为了保护自己的孩子，连猛禽都不怕。

现在，我们的冻土带就是这么热闹。

你们可能会问，如果没有夜晚的话，那鸟儿和其他动物什么时候睡觉呢？

它们几乎不睡觉，因为没时间。累了，打个盹儿，

接着继续干活。它们有的给孩子喂食，有的筑巢，还有的孵蛋。大家都忙得晕头转向，都在争分夺秒，毕竟，这里的夏天太短暂了。

它们冬天再睡也来得及，到那时，可以睡足一整年的觉。

点评

说明这里的鸟儿作息规律和天气规律是匹配的。这也是它们尊重自然的表现。

## 来自中亚沙漠的报道

我们这里正好相反，动物们都在睡觉。

炙热的太阳把地上的植物都晒干了，已经记不清最后一场雨是什么时候下的了。令人惊奇的是，竟然还有一些植物没被晒死。

点评

这些没被晒死的植物是抗旱能力极强的植物。

骆驼刺的地上部分只有半米高，但它的根能扎到地下五六米深的地方，从那里吸收地下水分。其他灌木和草类不长叶子，只长一些细细的绿色绒毛，这样挥发的水分会变少。而梭梭树（我们沙漠地区一种矮小的树种）一点儿叶子也不长，只长细细的绿色枝条。

点评

描述了沙漠植物的特性。

一阵风吹过，沙漠上空扬起一片干尘，遮住了太阳。突然一阵可怕的声音传来，仿佛成千上万条蛇同时发出嘶嘶声。

这并不是蛇发出的声音，而是肆虐的狂风刮过梭梭林时抽打梭梭树那纤细的树枝所发出的声音。

> **点评**
> 此处从多个角度来表达狂风抽打梭梭树发出的声音。

它时而呜咽，时而似口哨，时而又“噼啪”作响。

蛇现在都在睡觉，沙漠红沙蛇也钻进深深的沙土陷入沉睡。黄鼠和跳鼠最怕它们。

其他小动物也在沉睡。细腿的黄鼠用土把洞口塞住以遮挡阳光，整天都躲在里面睡觉。它只在清晨跑出来找食吃，可要跑好远才能找到一棵没有枯萎的植物。而沙黄鼠则彻底钻入地下，打算睡个长觉。整个夏天、秋天和冬天，它都会在里面睡觉，直到春天再出来。一年中，它只出来活动三个月，其余时间都在地下睡觉。

> **点评**
> 沙黄鼠真是最爱睡觉的动物了。

蜘蛛、蝎子、蜈蚣和蚂蚁全都藏了起来，以避开炎炎烈日。它们有的藏在石头下，有的钻入地下，有的躲在阴凉的地方，只在夜间才出来活动。

无论是灵敏的蜥蜴，还是慢吞吞的乌龟，全不见了踪影。

动物们搬到沙漠边缘靠近水源的地方。小鸟们早已长大，跟着大鸟一起离开了。只有飞行速度极快的沙鸡还坚守在这里。它们要飞100千米去最近的河里喝饱水，再用水装满自己的嗉囊，然后飞回巢里喂自己的孩子。对它们来说，这完全不成问题。不过，一旦小沙鸡学会飞行，它们也会离开这个可怕的地方。

> **点评**
> 这里的生活条件真的太恶劣了，怪不得人们说“良禽择木而栖”呢。

只有我们苏联人民不惧怕沙漠。我们利用强大的技术，在有条件的地方建造灌溉水渠，从遥远的高山上把

水引过来，这样就可以把死气沉沉的沙漠变成青青草场和农田，还可以培育果园，种葡萄等果树。

在沙漠里，哪里荒无人烟，哪里就是风的天下。风是人类的头号敌人，它扬起漫天沙尘，吹到居民区，埋没那里的房屋。

我们也不怕风。利用水源和植物，我们遏制住了风的肆虐。在人工灌溉区，一棵棵树紧挨在一起，形成一道道铜墙铁壁，而数不清的小草也将根扎于沙土。这样就不会形成沙丘了。

是的，沙漠的夏天与冻土带完全不同。在有太阳的沙漠里，所有生物都在睡觉。夜里很黑很黑，而恰恰只在夜间，那些饱经太阳无情折磨的小生命才会焕发出些微生机。

**点评** 说明人类在尊重自然的基础上还有改造自然、变不利为有利的能力。

**字词释义** 铜墙铁壁：比喻十分坚固，不可摧毁的事物。也作“铁壁铜墙”。

**点评** 这些小生命的生命力也真的很顽强呢，只要有一线生机，它们便不遗余力地生长。

## 注意收听！注意收听！乌苏里斯克原始森林向您报道

我们这里的森林很奇特，它既像西伯利亚的原始森林，又像印度的热带丛林。这里既有枞（cōng）树、落叶松和云杉树，也有缠绕着多刺藤类和野生葡萄藤的阔叶树。

这里的动物有北方的鹿、印度的羚羊，有棕色和黑色的藏熊，黑色的兔子，有猞猁和豹，还有老虎以及红

**点评** 正因为气候奇特，兼具了西伯利亚原始森林和印度热带丛林的特点，所以物种才异常丰富。

读书笔记

场面描写

描述了麦田里丰收的景象，一派火热的气氛。

请思考

根据这段的描述，在你脑海里会形成什么样的生物链呢？请画出来。

狼和灰狼。

既有普通的灰榛鸡，也有光彩夺目的野鸡；既有我们本土的灰雁，也有白色的中国大雁；既有普通的野鸭，也有栖息在树上的彩色鸳鸯。此外，还有白头长嘴的白鹮（huán）。

白天，阳光无法穿透由浓密的树冠构成的绿色屏障，森林里又暗又闷。

夜间，森林里更是黑漆漆一片。

鸟儿都已经产了蛋，有些已经孵出了小鸟。动物的幼崽已经长大，正在学习捕猎。

## 来自库班草原的报道

自动化收割机和马拉收割机一字排开，行驶在一望无际的平整的田地里。它们在收割庄稼。今年这里大丰收，已经有一列列火车把这里的优质小麦运到莫斯科和列宁格勒了。

收完庄稼后，田里空荡荡的。老鹰、雕、兀鹰和游隼在上空盘旋。这回，它们可以很方便地收拾那些偷吃庄稼的盗贼了，比如老鼠、田鼠、黄鼠和仓鼠等。只要它们一出洞，老鹰们大老远就能看见。

现在，啮齿类动物正在捡拾地上遗落的谷粒，再

把它们运到地下仓库里储备起来，留着冬天吃。这群坏东西在庄稼还没收割时已经偷吃了很多麦穗，想想都可怕！

在消灭啮齿类动物方面，兽类也毫不逊色于上述猛禽。例如，狐狸常会到收割完的庄稼地里捕捉老鼠，而对农业贡献最大的白色艾鼬总是无情地消灭各种啮齿类动物。

**字词释义**

毫不逊（xùn）色：指一点儿没有不及之处。

### 来自阿尔泰山区的报道

幽深的山谷里又闷又热。在炎炎烈日下，清晨的露水迅速蒸发。傍晚，浓雾笼罩着草地。水蒸气逐渐上升，将山坡打湿，最后，在山顶冷却，凝聚成云。临近早上，空中已现出一块乌云。

**环境描写**

为了烘托氛围，我们经常会用到环境描写。此段突出写了峡谷“湿”“热”等特点。

白天，太阳高照，又将水蒸气变成水滴，于是，雨水从乌云里喷洒下来。

山上的雪在一点点融化，但在最高的山顶会有终年不化的积雪和冰川。那里太冷了，即使正午的太阳也无法将冰雪融化。

**请思考**

你见过这样的自然景象吗？你当时内心有什么样的感受？

山顶下面，因雨水和融化的雪水而形成的条条小溪逐渐汇成小河，它们沿着山坡流淌，从悬崖上流下来，形成瀑布，再一路奔腾而下，汇入大河。由于水量暴增，河水又像春天时那样再次溢出河道，蔓延在山谷里。

我们山里什么都有：下面的山坡上是原始森林，再往上是浓密的高山草甸（这是一种特殊的草原），再往上是苔藓和地衣，而山顶则像遥远的冻土带，只有冰和雪，像北极一样，永远是冬天。

**请思考**

草甸和草原有什么区别呢？

在气候严酷的山顶上，没有动物，也没有鸟类，只有强壮的老鹰和兀鹰偶尔会飞到那么高的地方，用锐利的双眼俯视下面、搜寻猎物。但是，从山顶向下的山坡上，住满了各式各样的住户。这里就像一栋多层的楼房，每户都选择了适合自己的高度，住在自己喜欢的楼层内。

**点评**

这也让我们见证了动物的生存智慧。

在最高处光秃秃的山崖上，住着公山羊。再往下，住着母山羊和山羊宝宝，还有一些长得像火鸡一样的大型沙鸡。在高山草甸上，有成群的盘羊在吃草。在它们后面，跟着一只寻迹而来的雪豹。这里能看到一群群胖胖的旱獭，还有许许多多的鸣禽。再往下的原始森林里，有榛鸡、松鸡、鹿和熊……

以前，我们只在山谷里种庄稼；而现在，我们沿着山坡向上，不断开垦新的土地。当然，不是用马在山上耕地，而是用长毛的高山牦牛。我们付出了很多努力，希望能获得最好的收成。我们一定会成功！

**点评**

对土地的充分利用让我们见证了当地居民的勤劳。

## 来自海洋的报道

我国濒临三个无边无际的海洋：西边是大西洋，北边是北冰洋，东边是太平洋。

我们乘船从列宁格勒出发，途径芬兰湾和波罗的海，进入大西洋。在这里，我们常常会遇见外国的船只，有英国的、丹麦的、瑞典的，还有挪威的，有商船、客轮，还有捕鱼船。可以在这里捕捞鲱鱼和鳕鱼。

离开大西洋，进入北冰洋。我们沿欧洲和亚洲的北部海域行驶，走的是北方海路。这是我们的海洋，是勇敢的俄罗斯水手们开辟出来的我们自己的航线。之前，这里被认为无法通航，到处都是冰，充满致命的危险；而如今，在破冰船的引导下，一艘艘船行驶在这条海路上。

在荒无人烟的地区，我们遇到许多神奇的事情。

最先邂逅的是温暖的墨西哥湾流。有很多冰山漂浮在这里，在阳光下发出耀眼的光芒。我们还捕捞了鲨鱼和海星。随后，这股暖流转向北，往北极方向流去。于是，我们眼前开始出现一块块巨大的浮冰。它们沿着水面漂浮，时而裂开，时而又连在一起。飞机在上空侦察，通报我们哪里可以通行。

在北冰洋诸岛，我们看见成千上万只正在褪毛、显

**字词释义**

濒（bīn）临：紧接，临近。

**点评**

由此可见，正因为有了那些勇敢的开拓者，才有了我们今天幸福的生活。

**字词释义**

邂（xiè）逅（hòu）：偶尔遇到，不期而遇。

得十分无助的大雁。它们翅膀上的大羽毛一根接一根地脱落了，因而暂时无法飞行，人们只需步行就能将它们赶进由网连成的围栏里。在这里，我们看见过长着獠牙的巨大海象爬到冰面上休息，还看见过各种各样令人称奇的海豹，有大型髯海豹，还有冠海豹。冠海豹的头上有时会突然鼓起一个皮囊，就像戴了个头盔一样。我们还见过可怕的虎鲸，它们长着锋利的牙齿，游动速度极快，甚至还能猎杀其他鲸类及幼鲸。

关于鲸鱼，我们将在下一次详细报道。那时，我们将进入太平洋，那里有更多的鲸鱼。下次再见！

来自各国各地有关夏季的报道到此结束

下次播报时间为九月二十二日

**字词释义**

獠(liáo)牙：外露的长牙。

**点评**

虽然只是寥寥数语，却全面地描绘了虎鲸的形象。

**点评**

太平洋里精彩的鲸鱼世界，简直太令人神往啦。

**我的笔记**

## 拓展训练

“在这个阳光最多的季节，人们开始采集、储存一些可入药的植物花朵和根茎。”确实有很多植物的花、根茎或果实可以入药，请写出你熟知的药用植物的名称，并简单描述它们的特征，并制作出表格。

## 延伸思考

根据你所掌握的色彩词，你认为六月是什么颜色的？

# No. 5

## 小鸟出生月

（夏季第二月）

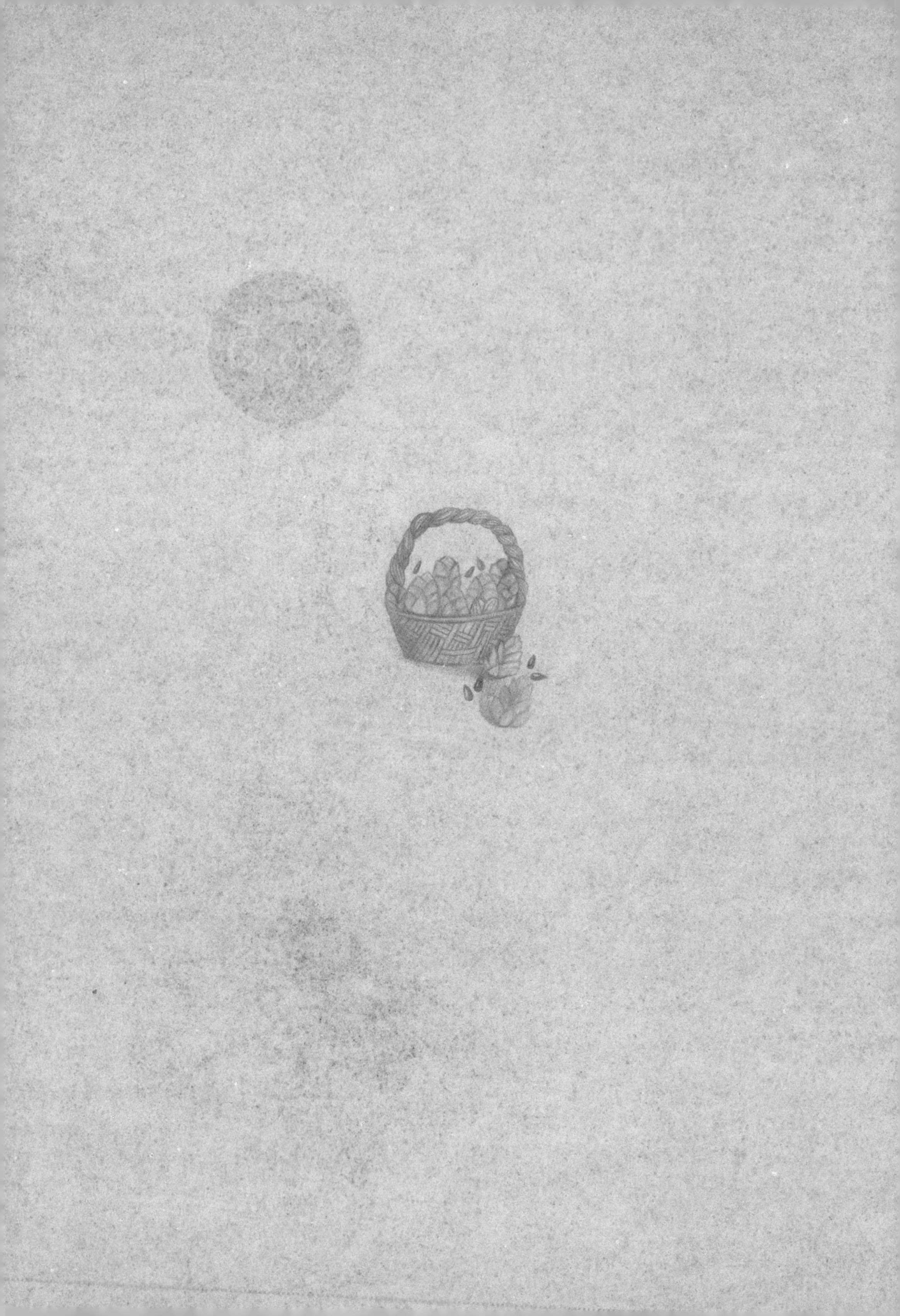

# 每一年都是一首长诗，一首由十二个章节组成的太阳诗篇

**文前小问号**

夏季第二月是七月，盛夏的阳光滋养着大地万物，森林中的七月是怎样的景象呢？

七月正是盛夏时节，是不知疲倦的时节，它在装饰着这个世界。黑麦垂下了它沉甸甸的头，燕麦已经裹上了长袍，而荞麦身上却连件衬衫都没有呢。

在阳光的哺育下，绿色植物茁壮成长。成熟的黑麦和小麦田像一片金色的海洋。我们要储备全年的粮食，还要给牲畜储备干草。一片片青草倒下去，一个个干草垛堆了起来。

鸟儿开始沉默，它们顾不上歌唱了。每个鸟巢里都有了幼鸟，它们刚出生，身上光秃秃的，还看不见东西，

**点评**

精彩的拟人修辞，把七月的农田里各种农作物的状态刻画得生动逼真。

需要父母悉心照料。幸好现在有充足的食物，不管在地上，还是水里，不管是森林里，还是在空中，到处都能找到吃的。谁都饿不着！

> **点评**
> 每一种生物都能从自然界里获得能量和滋养，大自然对我们真的太好了。

森林里到处都是鲜嫩多汁的浆果，有草莓、黑莓、蓝莓和黑加仑。北方有金色的云莓，南方的园子里有欧洲甜樱桃、草莓和樱桃。草场褪去了金黄色的连衣裙，换上了洋甘菊做成的衣裳，因为洋甘菊的白色花瓣能反射热辣辣的太阳光。生命的造物主——太阳神——在这个时节可不得了，它的爱抚能晒伤一切。

> **侧面描写**
> 侧面描写，又叫间接描写，是指通过对周围人物或环境的描绘来表现所要描写的对象，以使其鲜明突出，即间接地对描写对象进行刻画描绘。这里从侧面说明了草场里洋甘菊的密集和美丽。

## 森林里的孩子

在市郊的罗蒙诺索夫大森林里，有一只年轻的母驼鹿，今年它诞下一只幼崽。

白尾海雕的巢也在这片森林里，巢里有两只小海雕。

黄雀、燕雀、黄鹀各有五只宝宝。

鴷鸟有八只幼鸟。

> **字词释义**
> 鴷（liè）鸟：啄木鸟的一种。

长尾山雀孵出十二只小山雀。

灰松鸡有二十个孩子。

刺鱼窝里，每一颗卵孵出一条小刺鱼，一共有一百条小鱼。

欧鳊鱼有数十万个孩子。

鳕鱼的孩子更是多得数不胜数，可能会有一百万个。

**字词释义**

数不胜数：意思是数都数不过来。形容数量极多，很难计算。这里数字依次递增，让读者感受到深林中新生命之多。

## 有爱心的父母

而驼鹿妈妈和所有鸟妈妈都是有爱心的父母。

驼鹿妈妈可以为唯一的孩子付出自己的生命。哪怕是熊，只要胆敢冒犯，驼鹿妈妈也会前腿后腿一阵踢，用蹄子狠狠地教训对方。这样，熊再也不敢靠近小驼鹿了。

**点评**

母爱的伟大无与伦比，也许只有母亲舍得为了孩子献出自己的生命。

我们的记者在田里偶然碰见一只小松鸡。它突然从记者的脚下跳出来，跑进草丛里躲了起来。

记者们抓住了它，而它竟然大声尖叫起来！这时，松鸡妈妈突然出现了。看见自己的孩子落在人类手里，松鸡妈妈急得原地打转，“咕咕咕”地叫着扑了过来。之后，它耷拉着一只翅膀伏到了地上。

记者们以为它受伤了，便把小松鸡放到地上，过去抓松鸡妈妈。

松鸡在地上一瘸一拐地走着，似乎一伸手就能抓到；可是，一旦你伸手去抓，它就跑到一边去。记者们在松鸡后追了半天，突然，松鸡拍打着两只翅膀从地面上飞起来，然后，若无其事地飞走了。

**点评**

读到这里恍然大悟，原来这只是松鸡妈妈为了救孩子脱离人手而演的戏啊。真是又有爱又聪明的妈妈。

> **点评**
> 松鸡妈妈对每个孩子都充满了爱。她的爱是平等的。

我们的记者又返回去找小松鸡，而它也无影无踪了。原来，松鸡妈妈是为了救孩子才假装受伤的。它引开敌人，好让孩子脱身。

她呵护着每个孩子，因为它一共只有二十个宝宝。

## 鸟儿的工作日

天刚放亮，鸟儿们就忙碌起来。椋鸟每天要工作十七个小时，城里的燕子工作十八个小时，雨燕是十九个小时，红尾鸲则超过二十个小时。

这些我都亲自验证过。

而且，这些鸟儿也无法缩短工作时间。

> **点评**
> 我们从这些具体的数字中能直观地感受到鸟妈妈们的辛劳。

要知道，为了觅食来喂养孩子们，雨燕平均每天要往返三十到三十五次，椋鸟要飞两百次左右，城里的燕子要三百次，而红尾鸲则超过四百五十次！

整个夏天，鸟儿吃掉的森林害虫简直数不胜数！

它们可真是夜以继日、不停地工作啊！

森林记者　斯拉得科夫

## 岛上王国

小海鸥们生活在一个岛屿的浅滩上。

晚上，它们睡在沙坑里，每个坑里有三只小海鸥。浅滩上到处都是沙坑，形成一个巨大的海鸥王国。

白天，小海鸥们在大海鸥的带领下学习飞行、游泳和捉小鱼。大海鸥不但向小海鸥传授本领，还时刻警觉地保护它们的安全。

每当有敌人逼近的时候，大海鸥们就会成群地飞起来，尖叫着冲向敌人。所有敌人都害怕这个阵势。

就算是巨型猛禽白尾海雕，碰到这种情况也会逃得远远的。

点评

每一种动物的妈妈都有保护自己孩子的独门绝技。普天之下，所有母亲爱孩子的心都是一样的。

## 雌雄颠倒

我们收到全国各地的来信，信中都说看见了一种奇特的鸟。本月，在莫斯科近郊、阿尔泰地区、卡马河上、波罗的海沿岸、雅库特以及哈萨克斯坦，都有人看见过这种奇特的鸟。

这是一种十分可爱、十分漂亮的小鸟，长得很像城市里卖给年轻钓鱼爱好者的色彩艳丽的浮标。它们没什么戒心，即使你走得离它们很近，它们依然毫不害怕，

点评

正因为这种鸟有如此的习性，我们才得以近距离观察它们。

就挨着岸边，就在你脚下，一点儿也不怕人。

这个时节，其他鸟类都待在巢里孵蛋或喂养小鸟，而这种鸟却成群结队地在各地旅行。

奇怪的是，这些漂亮的鸟都是雌鸟。其他鸟类都是雄鸟比雌鸟鲜艳、漂亮，而这种鸟恰恰相反：雄鸟灰不溜秋的，雌鸟的羽毛却是五颜六色的。

更奇怪的是，这些漂亮的雌鸟根本不关心自己的孩子。它们在遥远的北方冻土地带产蛋，之后就扬长而去！反倒是雄鸟们会留在巢里孵蛋、喂养并保护幼鸟。

真是一切都颠倒了啊！

这种鸟叫红颈瓣蹼鹬。它们今天在这里，明天在那里，随处都可见到。

**点评**

在这种鸟的世界中，它们的家庭分工是不同的。

**点评**

直到最后才告诉读者这种鸟的名字，吊足了读者胃口，令读者印象深刻。

# 森林里的故事

## 可怕的小鸟

身材纤细、性情温顺的鹡鸰鸟孵出六只光溜溜的小鸟。有五只和正常小鹡鸰鸟一样，第六只却是一个怪物：它浑身粗糙、干瘪，脑袋很大，一双凸眼睛上蒙着一层膜。它一张开嘴，你会吓一跳，那大嘴简直就是个无底洞。

第一天，这只怪物安静地躺在巢里，只有在鹡鸰鸟父母带着食物飞回来时，它才会费力地抬起那肥大的头，张开嘴，声音微弱地叫道："快来喂我！"

第二天早上，当父母伴着清晨的寒冷出去觅食时，小怪物开始行动了。它把头低垂到地板上，岔开双腿，开始向后退。

**字词释义**

干瘪：意思是指干枯收缩；不丰满。形容文辞等内容贫乏而枯燥。

**外貌描写**

这段外貌描写，写出了这只怪物鸟的丑陋，不招人喜欢。也为下文的叙事做了铺垫。

点评

这只鸟不仅样子长得怪，行为举止也很怪。

它退到一个兄弟身边，开始往它身下钻。它把自己光秃秃、还没长全的翅膀向后伸，包住这个兄弟，像一把钳子一样夹住它，然后开始背着它向鸟巢边上倒退、倒退。

它背部有一块凹陷的地方，这个长得又小又弱、还什么都看不见的兄弟在这个凹陷处不断挣扎。这个怪物依靠自己的头部和两条腿，身子越抬越高，直到把它的兄弟带到鸟巢的最边缘。

点评

原来它在干天大的坏事啊，真是一只令人讨厌的鸟。

这时，小怪物突然全身用力，身子向后一甩，它的兄弟从巢里掉了出去。

鹡鸰鸟的巢筑在河岸边的悬崖上。

小鹡鸰鸟“扑通”一声掉在下面的石头上，摔死了。

这个邪恶的小怪物也差一点儿从巢里掉下去。它在巢边摇晃了几下，但终究它那个大脑袋更重一些，于是，又一头跌回了巢里。

这件可怕的事情用时两三分钟。

之后，这个怪物自己也筋疲力尽，一动不动地在巢里躺了有一刻钟。

点评

亲手杀死自己兄弟，还装得若无其事的样子，这只鸟真够淡定的。

鹡鸰鸟爸妈飞回来了。这个怪物抬起由瘦弱脖子支撑的沉重大脑袋，好像什么都没有发生一样，张开嘴叫道：“快来喂我！”

吃饱了，休息好了，它又开始对付第二个兄弟。

这个兄弟不太好对付，它使劲地挣扎，一次次从后背上滑下来。但小怪物并没有就此罢休。

五天后，小怪物的眼睛能看见东西了。它发现巢里只有它一只小鸟，其他五个兄弟都被它扔下去摔死了。

到出生后第十二天时，小怪物终于长满了羽毛。不幸的鹡鸰鸟父母这下才明白，它们喂养了一个弃婴，一只小杜鹃鸟。

> **点评**
> 等这只怪鸟发育成型后，鹡鸰鸟父母才发现它不是自家的孩子。

这只小杜鹃鸟叫得那么可怜，那么像它们死去的孩子。它扑扇着翅膀要食吃，是那么可爱。鹡鸰鸟父母无法拒绝这么可爱的小东西，不忍心让它饿死。

> **点评**
> 看得出，这对鹡鸰鸟父母心地善良，慈悲为怀。

于是，这对鹡鸰鸟父母依然忙忙碌碌，从日出到日落，忙着给小杜鹃鸟寻找肥美的毛毛虫。它们自己没时间吃饭，过着半饥半饱的生活，每次觅食回来，都要把头伸进小杜鹃鸟的大嘴里，把食物塞进这个怎么都填不满的无底洞里。

到秋天，它们把小杜鹃鸟养大了；然后，它就飞走了，从此两不相见。

> **点评**
> 这只杜鹃鸟真是不懂得感恩，简直是忘恩负义。

## 浆　果

各种浆果都成熟了，花园里有覆盆子、红加仑、黑加仑，还有刺李果。

也可以在森林里采到覆盆子。那里的覆盆子长在灌木丛上，一丛一丛的。这些灌木枝非常脆，如果你不把它们折断的话，根本就无法前行。当你踩在这些细细的灌木枝上时，脚下会发出清脆的声音。折断这些长着浆果的细枝，对覆盆子来说并没有什么损失，因为它们本来也只能活到冬天，覆盆子种子早已钻入地下生了根。你瞧！很多小细茎现在已从地下长出来了，它们毛茸茸的，浑身长满了刺。到来年夏天，它们就会开花、结果。

> **点评**
> 覆盆子的生命已经通过种子在地下得以延续，可以用一个成语来形容这种现象，那就是“生生不息”。

在一些灌木丛和草丘上，以及空地的树桩旁，越橘果正在成熟，果子的侧面已经泛红。

越橘果长在灌木枝顶部，一堆一堆的。有些灌木枝上长着很大一堆果子，它们又沉又密，把枝干都压弯了，直接垂到了青苔地上。

> **点评**
> 果子太多，以至于把枝干压弯了腰。

真想挖一棵越橘树种到家里，这样会不会长出更大的果子呢？目前，越橘还不适宜家养。这种浆果很有意思，可以保存整个冬天，只需往浆果上倒点儿开水或将它们捣一捣，捣出汁即可。

为什么经这样处理后的越橘果就不会腐烂变质了呢？因为它给自己做了防腐。越橘果里含有一种成分，叫苯甲酸，它能防止果子腐烂。

> **设问句的使用**
> 一问一答，清晰地指出越橘果不会变质的原因。

巴甫洛娃

## 猫的小跟班

春天，我们的猫咪产下一窝小猫崽，但都被抱走了。有一次，我们碰巧在森林里捉到了一只小兔子。

我们把小兔子偷偷放在猫咪身下。猫咪的奶水很多，所以很愿意喂养这只兔子。

就这样，小兔子喝着猫咪的奶水长大了。它们的感情非常好，常常睡在一起。

最好笑的是，猫咪教会了兔子怎么跟狗打架。只要狗一进我们的院子，猫咪就立刻冲上去，使劲挠，而兔子也跟着猫咪跑过去，用两只前爪去挠，弄得狗毛到处乱飞。附近的狗都怕我们的猫咪和它的兔子跟班。

点评

因为有养育之恩，兔子和猫妈妈结下了深厚的情谊。

## 上当受骗

鵟鸟发现一只母黑琴鸡带着一窝浅黄色、毛茸茸的小黑琴鸡。

它心想，这下可以美餐一顿了。

此时，母黑琴鸡发现了正准备从上空俯冲下来的鵟鸟。

它大叫一声，小黑琴鸡们一瞬间全不见了踪影。

鵟鸟左看右看找了半天，也没发现一只小黑琴鸡，

字词释义

鵟（kuáng）鸟：形似老鹰，尾不分叉，全身褐色。

它们好像都钻到地里去了。鹭鸟只好去找别的猎物了。

这时，母黑琴鸡又叫了一声。你再看，那些浅黄色、毛绒绒的小黑琴鸡一只只都跳了起来，围到妈妈身边。其实，它们哪儿也没去，就趴在地上，紧紧地贴着地面。从空中往下看，它们跟地上的树叶、小草和土块没什么区别！

**点评** 伪装是一种巧妙的生存手段，地球上的很多物种都依赖强大的伪装术逃过了捕食者的双眼。这些小黑琴鸡就是靠伪装保护了自己。

## 食虫花

一只小蚊子在森林里的沼泽地上飞呀飞呀。它飞累了，想喝水。这时，它看见一株开花植物：绿色的花茎，顶端长着一些白色的小铃铛，下面是一簇簇紫红色的圆形叶子，围绕在花茎四周。叶子上有纤毛，纤毛上闪耀着亮晶晶的露珠。

**形态描写** 这里描写了一株开花植物的形态，栩栩如生，仿佛这株植物就在我们眼前。

小蚊子落在一片叶子上，把嘴伸进露珠里。露珠黏黏的，粘住了它的嘴。

突然，所有的纤毛都动了起来。它们像一根根触角伸过来，包住了蚊子。同时，圆形的叶子也合上了。小蚊子不见了。

随后，当叶子重新张开的时候，一张空瘪的蚊子皮落到了地上，蚊子的血都被吸干了。

这种可怕又凶残的开花植物叫茅膏菜，它专门捕食昆虫。

**点评** 在结尾揭开这种可怕植物的神秘面纱，给读者留下想象的空间。

## 不是风，不是鸟，而是水

之前我就想说一说当时还在开花的景天。我很喜欢这种小小的植物，尤其喜欢它那厚厚的灰绿色的叶子。它们密密地长在花茎上，把花茎都遮得看不见了。景天开的花很好看，是鲜艳的五角星形状。

现在，景天的花已经落了，只剩下果实，也是扁平的五角星形状，紧紧地闭合着。这并不意味着这些果实还没成熟，因为景天的果实在晴天的时候总是闭合的。

现在，我要让它们打开。为此，只需从水洼里取点儿水，一滴就够。把水滴在五角星的正中间，我的目的达到了：果实的包片慢慢张开，露出了果实。景天的种子喜欢水，就像许多植物的种子一样。它们总是张开怀抱去迎接水的到来。向果实里面滴两滴水，种子就都漂了起来。水会把它们带走，然后播撒下去。

帮助景天播撒种子的不是风，不是鸟，也不是野兽，而是水。我在陡峭的岩石缝里看见过景天，是雨水顺着石头流淌，把种子带到那里的。

巴甫洛娃

**点评**

三言两语，却全面描写了景天的叶、茎、花。“密密”“厚厚”这样的叠词的运用让这种植物形象可爱。

**知识锦囊**

植物的传播方式主要有风力传播、水传播、机械传播以及动物传播。这里就为我们介绍了水传播的方式。

## 神奇的果实

牻（máng）牛儿苗属于杂草类，它长在菜园里，其貌不扬，乱蓬蓬的，开着极普通的深红色花；但是，它的果实很神奇。

现在，一部分牻牛儿苗已经开完了花。在开过花的地方，从每个花萼里都伸出一个“鹳嘴”一样的东西。每个“鹳嘴”都是五个连体的果实，很容易就能把它们分开。瞧！这就是大名鼎鼎的牻牛儿苗果实。它长着尖尖的头，还有一条毛茸茸的尾巴。尾巴末端弯曲成镰刀状，靠近尖头的一截扭成螺旋一样的形状，但一受潮就会松开。

**形态描写**

形象、具体、生动地写出牻牛儿苗果实的形态。

我把一枚牻牛儿苗果实夹在两只手掌之间，对着它哈了口气，它就开始旋转起来，弄得我很痒。再一看，螺旋确实打开了；但是，如果让它在手掌上再待一会儿，它就又扭成螺旋状了。

**读书笔记**

为什么牻牛儿苗要玩这种把戏呢？原来，牻牛儿苗果实掉到地上后，会戳进土里。它镰刀一样的尾部会钩在草茎上，遇到潮湿天气时，螺旋部分就会松开，借着这股力量，尖尖的头部就钻进了土里。

而果实再想从土里出来可就不容易了。果实上的刚毛是竖着向上长的，它们会抵住泥土，不让果实出去。

牻牛儿苗可真聪明呀！它们自己把种子种到了地下。

有一件事可以证明牻牛儿苗的尾部很敏感：以前，人们曾经用它测量空气湿度。将牻牛儿苗果实固定好，用它的尾部充当刻度盘的指针。它每动一下都会在刻度盘上指明空气的湿度。

点评

的确很聪明，它们会自己成全自己的梦想。

知识锦囊

牻牛儿苗的尾部可以应用到湿度计的设计上。

巴甫洛娃

## 保护森林！

如果干燥的森林被闪电击中，那将会是一场灾难。如果谁把没熄灭的火柴扔在森林里，或者没彻底熄灭篝火，都会造成一场灾难。

火星就像一条小蛇到处乱窜。它会藏匿在苔藓里面，躲在一堆干燥的树枝或树叶下；然后，会突然跳出来，亲吻一下灌木丛，又奔向一堆倒地的枯树……

点评

星火酿大祸。森林防火，重在堵源。我们一定要多加小心，清除火患。

马上行动，一秒也不要耽搁！这还只是流窜的火星，火苗还很小、很弱，一个人完全可以应付。赶紧折一些新鲜的阔叶树枝，用它们去抽打火苗，用力打，使尽全力打，不能让火苗变大，不能让它再跑到别的地方去。

同时，赶紧喊同伴们过来帮忙。

如果你手头有铁锹，或者哪怕有根结实的棍子，也要赶紧挖土，然后往火苗上扔些碎土或几块草皮。

如果火势变大，已经从地上蹿了起来，从一棵树烧到了另一棵树，那么，这已经是真正的森林火灾了。这时要做的就是赶紧跑去找人、报警。

**知识锦囊**

此处教授给我们应对森林火险的三种方法，必须牢记。这三种方法分别是：用新鲜阔叶树枝抽打火苗；借助棍子、铁锹等工具灭火；报警，找人。

## 森林里的战争（续）

我们的记者到达了第三片空地，其林木采伐是十年前完成的。目前，这片空地依然是山杨和白桦树的天下。

胜利者不允许任何人踏入这片土地。每年春天，小草家族都会奋力从地下冒出来；但在这阴暗、密不透光的阔叶帐篷下，它们很快就枯萎了。每隔两三年，云杉种子就会获得丰收，而云杉部落就会派遣伞兵部队空降到这片空地。云杉树一直未能长出地面，因为白桦树和山杨树遏制了它们的生长。

空地上的小树长得很快，密密麻麻地挨在一起。它们开始感觉拥挤，于是发生了混战。

每棵小树都想在地上和地下占领更大的空间。它们一点点长大，变得越来越粗。它们推搡着身边的邻居，抢占生存空间。这里一整片地带混乱不堪。

**点评**

这里的“胜利者”指的就是山杨和白桦树。

**字词释义**

遏（è）制：阻止、阻碍、禁止的意思。

**点评**

树木也和人类一样，为了空间和资源而不同程度地发生冲突。

强壮的小树比其他小树长得高，它们的根也更牢固，树枝也更长。它们越长越高，把大手一样的树枝伸到邻居头上。邻居笼罩在它们的巨掌之下，从此再也不见天日。

在这浓密的树荫下，最后一批幸存的小树也慢慢死掉了。矮小的草族终于钻出了地面。现在，已经长大的小树不再害怕它们了。让它们在脚下蔓延吧，还能起到保暖作用呢！

云杉部落依然极有耐心，每隔两三年便把自己的伞兵部队投放到草木丛生的采伐带。胜利者们根本就不在意这种小事情。这有什么关系，就让它们在地下室里苟延残喘吧！

**字词释义**

苟(gǒu)延残喘：生命垂危，勉强地延续喘息。比喻勉强维持生存。

小云杉树们终于从地里长了出来。它们在阴暗潮湿的环境里过得苦不堪言。阳光也算勉强够用，可以生长；只不过，它们长得十分瘦弱。

**点评**

因为养分不足，所以它们长势不好。

这里也有一个好处，那就是小云杉树们摆脱了风的魔爪。在这里，风吹不到它们，无法把它们连根拔起。就算在暴风天气里，当头顶的白桦树和山杨树被风刮得“哗哗”作响、左右摇晃的时候，小云杉所在的地下室里也还是一片安静。

**点评**

小云杉也算是因祸得福吧。

这里的营养够用，也很温暖。这个相对封闭的空间不像光秃秃的采伐带，在这里，小云杉树们得到了很好

的保护，避开了危险的春季霜冻和冬日严寒。秋天，白桦树和山杨树的叶子落到地上，腐烂时散发出很多热量；同时，地上的草也能起到保温作用。唯有一点不好，就是需要忍耐永恒的黑暗。

幸好云杉树并不像白桦树和山杨树那么喜阳，可以忍受黑暗，继续生长。

我们的记者十分同情这些小云杉树。之后，他们离开那里，去了第四个采伐带。

我们期待他们发来最新消息。

**点评**

小云杉树能活下来，已经算是非常荣幸了。它们能否积蓄力量创造出新的奇迹呢？

## 农庄纪事

比喻

把麦田比喻成一望无际的海洋，渲染出大丰收的气氛。

多音字

囤：拼音dùn，tún。指盛放粮食的器物时读dùn；指积存粮食或货物等时读tún。

收割的季节到了。农庄的黑麦田和小麦田一望无际，仿佛一片望不到头的海洋。麦穗长得很大、很密实，里面包着很多谷粒。庄员们用辛苦劳动换来了丰硕成果。很快，这些粮食就会被一车车源源不断地运送到国有粮仓和农庄的粮囤里。

亚麻也成熟了，庄员们都去收亚麻。这项工作主要由机器来做：亚麻收割机将一片片亚麻拔下来、放倒，效率比人工高得多！女庄员们跟在收割机后，把倒下的亚麻绑成捆，然后再堆成垛，每十捆一垛。很快，田里就会站满一排排的亚麻垛“士兵”。

田里的山鹑只好带着母山鹑和稍稍长大的小山鹑们搬到了春播作物田里。

黑麦也正处在收割期。紧实的麦穗在收割机那锋利的钢锯下一束束倒下，庄员把它们捆成捆，堆成垛。一

垛垛黑麦立在田里，像等待检阅的运动员。

菜园里的胡萝卜、红菜头和其他蔬菜都成熟了。庄员们把它们送到车站，之后，火车会把它们运到城里。近期，市民们就能吃上新鲜的黄瓜和由红菜头做的红菜汤以及用胡萝卜烤制的馅饼了。

庄里的孩子们去树林里采蘑菇，摘熟透的覆盆子和越橘果。而这几天，他们一直待在榛树林里，赶都赶不出去。他们采了很多榛子，把口袋都塞得满满的。

大人们现在可顾不上采榛子，他们得收庄稼，得在打谷场上打麻，敲出亚麻粒，得用快速弹簧犁耕一遍地，还得耙一遍，因为很快就要播越冬作物了。

**点评**

孩子们采榛子的喜悦之情跃然纸上。

**点评**

可见，种地是一件很辛苦、很花功夫的事。

## 拓展训练

七月的大地，到处都是鲜嫩多汁的浆果。请根据你所学或向师长请教的营养学知识，说出常见浆果的营养功能。

**我的笔记**

## 延伸思考

七月的农庄纪事提到了机器收割庄稼的情景。请深入思考，机器代替人力收割的利弊分别是什么？

# No. 6

## 鸟儿结群月

（夏季第三月）

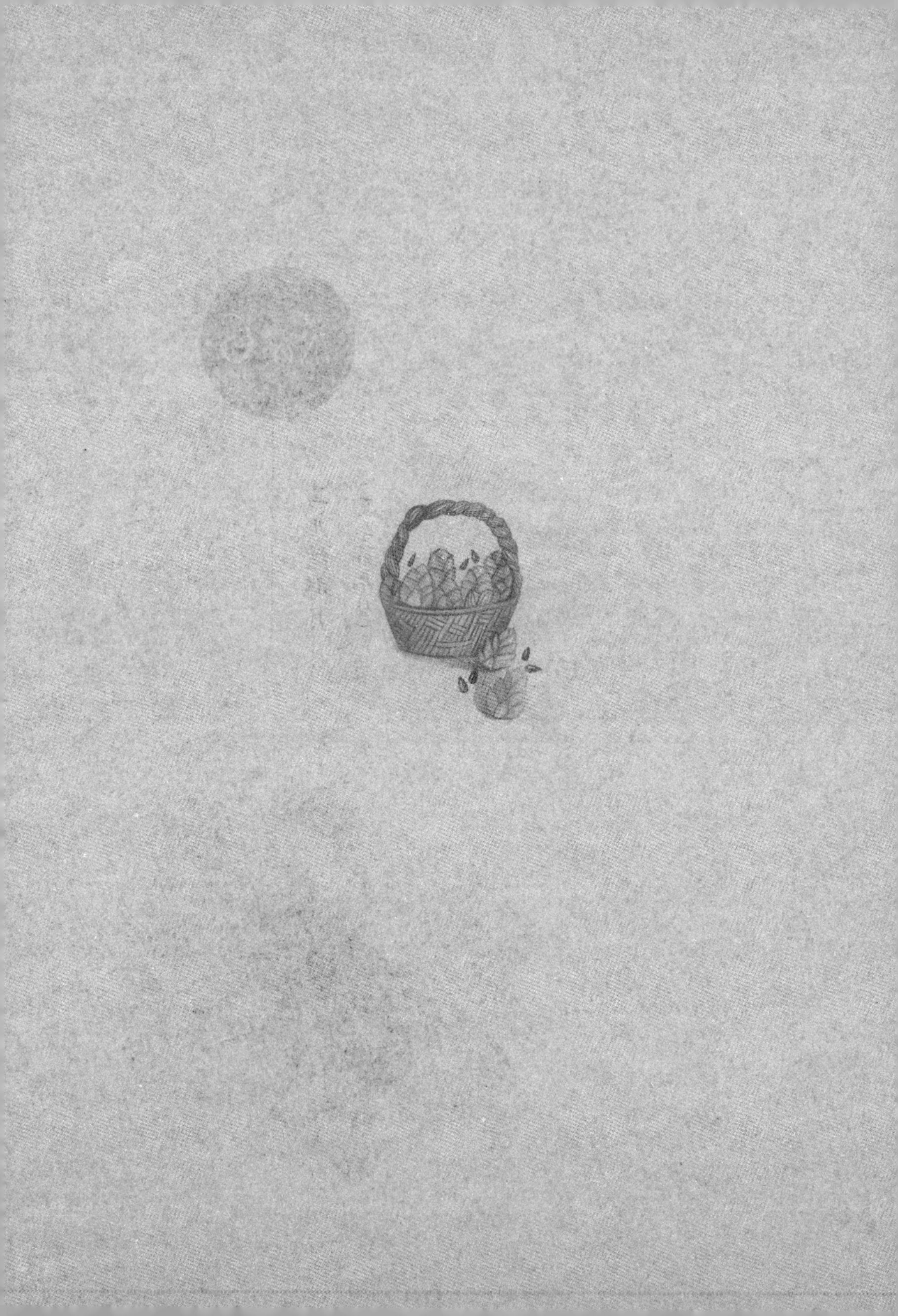

每一年都是一首长诗，
一首由十二个章节组成的太阳诗篇

## ?文前小问号

为什么作者把夏季第三月标记为“鸟儿结群月”？依据是什么？

八月多闪电，夜里常会有闪电无声滑过，瞬间照亮整片森林。

草地换上最后一套夏装。这回，它穿上了花衣裳，变得五彩斑斓起来。草地上的鲜花颜色都比较深，多是蓝色和紫色。太阳光逐渐减弱，草地需要好好收集并保存这渐行渐远的太阳光了。

蔬菜水果都快成熟了。晚浆果也在成熟，有覆盆子，有越橘果，有沼泽地里的蔓越橘，还有树上的花楸（qiū）果。

蘑菇在慢慢长大。它们不喜欢强烈的阳光，都躲在

**点评**

也可以换一句形容：八月的闪电，把森林的夜晚照得如同白昼。同学们要养成随时训练自己写作技能的习惯。

**侧面描写**

从侧面描写了盛夏时节，草地上鲜花盛开的繁荣景象。令人身临其境。

阴凉的地方，就像一个个小老头。

树木也已停止生长。它们不再长高，也不再变粗。

### 森林新规

森林里的动物幼崽都慢慢长大，从巢穴里出来了。

春天时，鸟儿总是一对对地待在自己的领地上；现在，却带着孩子们在森林里到处闲逛。

> 点评
> 因为幼鸟已经长大，可以随爸爸妈妈闲逛了。

森林居民们开始四处串门做客。

猛兽和猛禽不再严格守护自己的捕猎区域，因为到处都有食物，足够大家吃。

貂、黄鼠狼和白鼬在森林里四处游荡，它们总能捡到些小便宜，比如傻头傻脑的小鸟、没经验的小兔子和不小心的小老鼠。

鸟儿成群结队地在灌木丛和树林里飞来飞去。

鸟群里有一个习俗，那就是：

> 点评
> 过渡句。这一句既是上一节的结尾，又是下一节的开头。

### 人人为我，我为人人

最先发现敌人的鸟儿，应马上发出尖叫或发出长啸，以提醒鸟群及时逃散；而如果哪只鸟有难，鸟群也会齐声尖叫，弄出很大的响动来吓跑敌人。

> 点评
> 这也是鸟类团结的力量。这种力量可以对抗强大的敌人，让鸟类家族得以生存。

一百双眼睛和一百双耳朵在监视着敌人，一百只喙随时准备击退敌人。队伍越庞大的鸟群，就越安全。

鸟群里的幼鸟也坚守着一条铁律，那就是：模仿长辈。如果大鸟安静地啄谷粒，那你也啄；如果大鸟抬起头，一动不动，你也不要动；如果大鸟逃跑，你也赶紧跟着逃跑。

**点评**

这条铁律也是它们的生存智慧。小鸟必须有服从性，要学习本领。很多能力都是靠模仿练就的。

## 训练场

鹤和黑琴鸡为幼鸟准备了真正的训练场。

黑琴鸡的训练场在森林里。小黑琴鸡们聚集在一起，观看琴鸡爸爸的演示。

琴鸡爸爸嘟嘟哝哝，小黑琴鸡们也嘟嘟哝哝。琴鸡爸爸"啾叽——啾叽"地叫，小黑琴鸡也用细细的嗓音"啾叽——啾叽"地叫起来。

只是现在琴鸡爸爸嘟哝的内容和春天不一样了：春天的时候，它嘟哝的是"卖掉皮大衣，买件粗布衣"；而现在嘟哝的是"卖掉粗布衣，买件皮大衣"。

**点评**

这说明季节和时间变了，黑琴鸡的生存需求变了。也符合"言为心声"。

小鹤们也一群群地来到训练场上。它们要学习如何在飞行中保持正确的队形，也就是三角队形。这种技能必须要学会，这样才能在长途飞行中保持体力。

**知识锦囊**

鸟的外形呈流线型，飞行时能减少空气阻力，这是它们适合飞行的特点。同理，为了减少空气阻力，在群飞时队形上也要想法减少空气阻力，三角形就可以。

飞在三角队形最前面的是一只最强壮的成年鹤，它是整个鹤群的急先锋，要承受最大的空气阻力。

如果它飞累了，就会转移到队尾，转而由另一只强壮的成年鹤代替它打头阵。

在头鹤后面，年幼的小鹤们首尾相接，有节奏地挥动着翅膀。强壮些的飞在前面，弱一点儿的飞在后面。三角形的鹤群就像是一只小船，迎风破浪，勇往向前。

**比喻**

形象地写出鹤群的团结、积极进取的精神。

# 森林的故事

## 山羊把林子吃光了

没开玩笑，是真的。一只山羊把一片森林都吃光了。

这只母山羊是一个守林员买来的，他把它带到自己的林子里，拴在草地上的一根树桩上。夜里，山羊挣脱绳子跑掉了。

> **点评**
> 像山羊这样看起来很温顺的动物也不喜欢被束缚啊。

周围都是森林，它能跑到哪儿去呢？幸好周围没有狼。

守林员找了三天也没找到它。第四天的时候，山羊自己回来了。它一回来就“咩咩”叫起来，好像在说：“你好啊！瞧，我回来了！”

> **点评**
> 三言两语描绘出一只俏皮可爱的山羊。

傍晚，附近一片林子的守林员跑来告状。原来，这只山羊把他林子里种的小树都吃了，整片林子都被吃

光了。

树还很小，完全没有防御能力，谁都能欺负它们，任何牲畜都能将它们连根拔起，然后吃掉。

山羊喜欢上了这些小松树。它们看起来很漂亮，就像小棕榈一样：细细的红色树干，软软的绿色小树枝像一把把扇子一样倒垂下来。最主要的大概是山羊觉得它们味道十分鲜美。

**点评**

这些又漂亮又美味的小松树，成了山羊的美食。

如果是大松树的话，山羊想必是不敢靠近的。大树肯定会狠狠地扎它！

森林记者　维莉卡

## 草　莓

林子边缘的草莓红了。鸟儿会发现这些通红的草莓果并吃掉它们，然后把草莓种子播撒到远方；但还是会有一部分草莓的后代留在母株身边，和母株一起生长。

**知识锦囊**

这里涉及野生草莓的两种传播方式：通过动物传播和自体传播。动物传播是指动物吃了草莓后将种子吐出，或者草莓被采食后，种子经过消化道后随意排泄。所谓自体传播，就是果实或种子本身具有重量，成熟后，果实或种子会因重力作用直接掉落到地面。

你瞧！这株草莓已经长出一些细细的匍匐藤蔓，有根藤蔓的顶部还长出一个小小的子株：一簇叶子和幼根的胚芽。这边还有，这根藤蔓上长了三簇叶子。第一个

子株已经扎根，而第二个还没发育好。草莓母株的藤蔓会向四面八方伸展。可以到草长得比较稀疏的地方去找，那里可能会有去年的母株和它的子株。比如这棵，母株在中间，子株在它的周围围成三圈，每一圈都有五棵子株。

就这样，一圈接一圈，草莓不断扩大自己的地盘。

## 食用菌

几场雨后，蘑菇长了出来。

最好的蘑菇是那些长在松林里的白蘑菇。

这种白蘑菇叫美味牛肝菌。它们厚实、饱满、健壮，菌盖呈深棕色，闻起来有一种特别的香味。

在森林小路两旁低矮的草丛中，甚至有时就在车辙里，生长着黏盖牛肝菌。它们小时候长得很好看，就像一个个小球。不过，好看是好看，就是太黏了，总有东西粘到上面，要么是一片干叶子，要么就是几根草。

在同一片松林里的草地上，还长着松乳菇。这种蘑菇的颜色是火红火红的，离大老远就能看得见。这里的松乳菇简直太多了！一些老蘑菇的菌盖被虫子咬得都是洞，颜色都变绿了。最好的是那些中等大小的蘑菇，它们比硬币稍微大一点。这种松乳菇特别硬实，菌盖中间

读书笔记

请思考

为什么那些长在松林里的蘑菇会比较好呢?

点评

我们日常所食的蘑菇也有很多有黏液。你有没有注意观察呢?

凹陷，而四周则向上鼓起。

云杉林里也有许多蘑菇，既有美味牛肝菌，也有松乳菇；但是，它们跟松林里的不一样。这里的美味牛肝菌菌盖的颜色很浅，呈淡黄色，菌柄又细又高。而这里的松乳菇跟松林里的简直是天壤之别，菌盖一点儿也不红，而是有点儿浅蓝绿色，而且，上面还有一个个圆圈，就像树墩一样。

白桦树和山杨树下也长蘑菇，这些蘑菇叫桦树蘑和杨树蘑。桦树蘑也可以长在远离白桦树的地方，而杨树蘑总是紧贴山杨树树根生长。漂亮的杨树蘑生得齐整、端正，菌盖和菌柄都像用车床车出来的一样。

巴甫洛娃

**点评**

虽然是同一种蘑菇，由于生长环境不同，也会在外形和口味上有差异，这说明环境对生物的影响。

**读书笔记**

## 毒蘑菇

雨后，毒蘑菇也都长了出来。最常见的食用菌是美味牛肝菌，而最需要提防的毒菌是毒鹅膏菌。一定要小心！这是所有毒菌里毒性最大的一种，吃上一小块，比被毒蛇咬了一口还厉害，足以致命。吃了这种毒菌，很少有人能康复。

**知识锦囊**

毒菌里毒性最大的菌是毒鹅膏菌，又被称为“死亡帽”。

幸好，毒鹅膏很好辨认。它与食用菌类不同，其菌柄仿佛是从一个罐子的罐口长出来的。有人说，很容易将这种菌类与白蘑菇弄混（两者都长着白色的菌盖），但是白蘑菇的菌柄就是普通的菌柄，谁也不会觉得它的菌柄像是插入了一个罐子里。

点评

此处描绘了毒鹅膏菌与白蘑菇的异同。

毒鹅膏跟毒蝇伞最像，因此，有时它还会被称为白色毒蝇伞。如果有一张铅笔画的毒鹅膏草图，你根本就没办法猜出来，这是毒鹅膏，还是毒蝇伞。和毒蝇伞一样，毒鹅膏的菌盖上也有白色的碎块，菌柄上也有菌环，就像一个圆形的小领子。

还有两种危险的毒菌很容易被当成美味牛肝菌，它们是苦粉孢牛肝菌和细网柄牛肝菌。

点评

其实，菌类家族很复杂，有很多人因为误食了有毒菌而中毒，所以，我们在吃蘑菇时一定要小心。

与美味牛肝菌不同，苦粉孢牛肝菌和细网柄牛肝菌的菌盖背面不是白色或淡黄色，而是粉色或红色。掰开美味牛肝菌的菌盖，它依然是白色的；而被掰开的苦粉孢牛肝菌和细网柄牛肝菌的菌盖则先是变红，然后会发黑。

# 绿色朋友

## 该种什么呢？

你们知道最好用哪些树种来培育新林区吗？

我们了解到，一共有十八种乔木树种和十四种灌木树种入选。人们将把它们种植在我们家乡的各个地区。

最重要的乔木树种及灌木树种如下：橡树、杨树、白桦树、榆树、白蜡树、枫树、松树、落叶松、桉树、苹果树、梨树、柳树、花楸树、洋槐、野蔷薇和醋栗。

同学们应该了解这些，以便牢牢记住该收集哪些种子来培育林木苗圃。

森林记者：彼得·拉夫罗夫

谢尔盖·拉里奥诺夫

**请思考**

对于这个问题，结合你们当地的情况，请给出你的答案。

**点评**

这都是常见的乔木树种，哪些是你没见过的？请认真学习，并了解它们的习性，丰富自己的植物科普知识。

## 机器种树

需要种的乔木和灌木太多了，光靠人们的双手根本忙不过来。

于是，机器来帮忙了。人类发明、制造了各种巧妙的造林机器，既能播撒树木种子，也能栽种树苗甚至大树。有森林带造林机，有谷地造林机，有池塘挖掘机，有备土机，甚至还有苗圃护理机。

点评

造林机器极大地提高了劳动效率，节约了人力，是人类的好帮手。

## 新挖人工湖

你们列宁格勒真好，有许多河流、湖泊和池塘，夏天也不热；而我们克里米常区的池塘很少，压根就没有湖泊，只有一条小河从这里流过。一到夏天，这条小河又几近干涸，只需挽起一点儿裤脚就能光着脚丫蹚过去。

我们各个农庄的果园和菜地一直饱受干旱之苦。

但现在，我们终于不再为缺水而苦恼了，因为我们区的庄员新挖了一个蓄水池。这是一个很大很大的湖，容量为 500 万立方米，能灌溉 500 公顷菜地，还可以用来养鱼、养水禽！

第聂伯罗彼得罗夫斯克州克里米常区少先队员

万尼亚 · 普罗琴科　列娜 · 卡巴琴科

点评

水资源的重要性得到彰显，所以，我们一定要节约用水，保护好水资源。

## 森林里的战争（续）

第四个采伐带是30年前砍伐的。在这里，我们的记者了解到一些情况。

柔弱的小白桦树和小山杨树都先后死于自己强大的同胞之手，只有处于森林低处的小云杉树活了下来。

> **点评**
>
> 在弱肉强食的生存竞争规则下，小白桦和小山杨都败下阵来。

当这些小云杉树在阴影里悄然生长的时候，强大的白桦树和云杉树一直在林子高处作威作福并相互混战。历史再一次重演：谁长得更高，谁就是胜利者，就可以无情地扼杀失败者。

> **字词释义**
>
> 作威作福：原意指统治者独揽权威，擅行赏罚，后泛指妄自尊大，滥用权势。

失败者开始慢慢枯萎、死去。于是，阳光似雨水般透过高空枝叶帐篷的缝隙倾泻到地下室里，直接照耀在小云杉树的头顶上。

小云杉树害怕阳光，开始生病。

但随着时间的流逝，它们慢慢适应了光线，渐渐恢复了正常。

它们给自己换上新的针叶，开始快速生长，以至于敌人都来不及修补它们头顶帐篷上的窟窿。

这些幸运的云杉树开始和高大的白桦树、山杨树长得一样高了。在它们身后，还有许许多多壮实的、长满坚刺的云杉树，它们也把自己尖尖的、长矛一样的树梢伸向了森林顶层。

这时，曾经满不在乎的白桦树和山杨树才醒悟过来：它们竟然让这么强劲的对手在自己的地下室里安然长大。

> **点评**
> 这时候，白桦树和山杨树才发现自己大意了，过于轻敌了。

我们的记者亲眼见证了它们之间可怕的徒手大战。

猛烈的秋风断断续续刮了起来，这使得挤在这里的各个森林部落都兴奋起来。阔叶树种开始向云杉树发起攻击，用自己的枝条抽打着敌人。

胆小的山杨树虽然在平时总是战战兢兢、细声细语，这时却也毫不犹豫地挥动着枝条，与云杉树扭打在一起，试图扯断敌人的手臂。

但是，山杨树并没有战斗力。它缺乏韧性，枝条易断，根本就不是强壮的云杉树的对手。

> **点评**
> 这再次印证了刚则易断的道理。

白桦树可就不一样了。这是一种强壮、结实、富于韧性的树种。只要有一点儿风，它们柔软、有弹性的树枝就开始摆动起来。这时，周围的一切可都要小心了，被它们缠住是十分可怕的。

白桦树与云杉树展开了肉搏，用它柔韧的枝条抽打

> **字词释义**
> 肉搏：近身相搏，常常是徒手或持短兵器等。

着云杉树的手臂，把云杉树的针叶都打了下来。

如果有哪条云杉树树枝被白桦树缠住，那里的针叶就会枯萎；如果有哪棵树的树干被它缠上，那棵树的树梢就会枯死。

**点评**

总结上文，对森林大战作了一个点评，指出云杉树失利的原因。

云杉树能战胜山杨树，却打不过白桦树。它是一种坚硬的树种，虽然不易折断，但枝条无法弯曲，不能用它那笔直的树枝去抽打敌人。

**请思考**

根据你所了解的云杉树和白桦树的特性，预测一下它们谁会胜出呢？

我们的记者无从得知这场战争的最后结局，因为要想看到结局，需要在这里生活很多很多年。所以，我们的记者再次出发，想去寻找一个森林部落大战已经结束的地方。

他们会在下一期告诉我们，他们在哪里找到了这样的地方。

## 再造森林

我们少先队参与了再造森林的工作。我们收集树种，上交给集体农庄和护林站，还在学校的试验田上建了一个小型林木苗圃，在里面种上橡树、枫树、榆树、山楂树和白桦树。用的都是我们自己收集的种子。

少先队员加莉娅 · 斯米尔诺娃

尼娜 · 阿尔卡季耶娃

## 农庄纪事

各集体农庄里，庄稼收割工作已近尾声。现在正是田里劳作最热火朝天的时候。最好的粮食属于国家，各农庄都争先恐后将自己的收成上交给国家。

> 点评
> 这是农庄庄民爱国主义精神的体现。

庄员们收完黑麦收小麦，收完小麦收大麦，收完大麦收燕麦，收完燕麦收荞麦。

一辆辆大车满载着新打的粮食，从集体农庄出发，向着火车站驶去。

拖拉机依然在田里隆隆作响，把过冬的作物播种下去。现在也是秋耕阶段，人们正在为来年的春播做准备。

夏季浆果都不见了踪影，但园子里的苹果、梨和李子都熟了。森林里有许多蘑菇，沼泽地里的蔓越橘也红了。村里的男孩子们用棒子把一串串沉甸甸、红红的花楸果打了下来。

> 点评
> 不同的季节有不同季节应季的果实，这是大自然最美好的馈赠。

沙鸡一家——雄沙鸡、雌沙鸡以及它们的孩子们可遭了殃。它们本来住在秋播作物田里，后来转移到了春播作物田里；现在，又得从一块春播田到另一块春播田，不停地搬来搬去。

**点评** 沙鸡一家成了田野里的流浪者，它们居无定所，真是可怜啊。

沙鸡一家在土豆田里安了家。这回，谁也不会去打扰它们了。

可是，你瞧！这会儿，一些庄员来到了土豆地，准备挖土豆了。挖土豆机也用上了。孩子们在地上挖个小炉子，生上火，在里面烤土豆吃。他们的脸上抹得黑乎乎的，看起来怪吓人的。

**点评** 这段描写生活气息十足，值得我们细细感受。如果能有机会体验一把，那更好啦。

沙鸡一家离开了土豆田。现在，它们的孩子终于长大了；而且，现在也允许猎人打沙鸡了。

得找个有东西吃又能藏身的地方。可去哪儿找呢？田里所有的庄稼都收割完了。还好，有办法了！越冬的黑麦已经长高了，那里既能觅食，又可以躲过猎人敏锐的眼睛。

## 农庄新闻

(巴甫洛娃报道)

### 军事策略

收割完庄稼后，地里只剩下硬硬的麦茬；但有敌人在这里隐藏下来，这敌人就是杂草。杂草种子紧紧贴在地面上，而它们长长的根茎则藏在地底下。它们在等待春天。春天一到，人们耕完地，种上土豆，杂草就会长大，开始抑制土豆的生长。

> 点评
> 不到春天，人们是无法用眼睛发现杂草的，因为它们的种子懂得隐藏，悄无声息地扎根。

农庄庄员们打算耍弄一下杂草。他们开着浅耕机来到田里，把杂草种子翻埋到地下，还把它们的根茎切成了碎块。

> 点评
> 杂草再狡猾，人类还是有办法来对付它。

天气温暖，土地松软，杂草以为春天到了，于是决定开始生长。种子发了芽，一块块根茎也发了芽，大地开始变得绿油油的。

庄员们笑了起来："敌人上当了！现在杂草都长出来了，到深秋我们耕地的时候，会把它们连根翻过来，这样冬天它们就会冻死。杂草，你们休想欺负我们的土豆！"

## 集体愤怒

黄瓜地里出现了集体愤怒，黄瓜们纷纷抱怨："为什么庄员隔一天就来摘一次小黄瓜呢？它们还没成熟呢，好歹让它们长大啊！"

但庄员们只留下不多的黄瓜做种子，其余的嫩黄瓜都被他们摘走了。绿绿的黄瓜鲜嫩、多汁、味道好，等老了就不好吃了。

点评

黄瓜的抱怨恰恰是庄员们的狂欢。所以，事物通常都有两面性。

## 行动失败

一群蜻蜓飞到光明集体农场的养蜂场想捕食蜜蜂，可令蜻蜓气愤而又不解的是，那里竟然一只蜜蜂也没有。没人提醒蜻蜓，这些蜜蜂在七月下旬就已经搬到森林里

点评

蜻蜓们白跑一趟，定然是十分沮丧，心情很不爽。

去了，那里有正在开花的帚石楠。

蜜蜂在那里酿制浓稠的、黄色的帚石楠蜜。等帚石楠花谢了，它们就会回到养蜂场。

## 拓展训练

我的笔记

1. 请用思维导图的形式总结你所学的菌类知识，包括分类、名称以及特征。

2. 认真阅读这个月“森林里的战争”，你会得到一些思考，请记录下来你的心得。

## 延伸思考

1. 鸟群里那个“人人为我，我为人人”的习俗，你是怎样理解的？

2. 你所住的社区要进行绿化，关于树种的选择，你有什么好的建议？请说明你的理由。

# No. 7

## 候鸟离乡月

（秋季第一月）

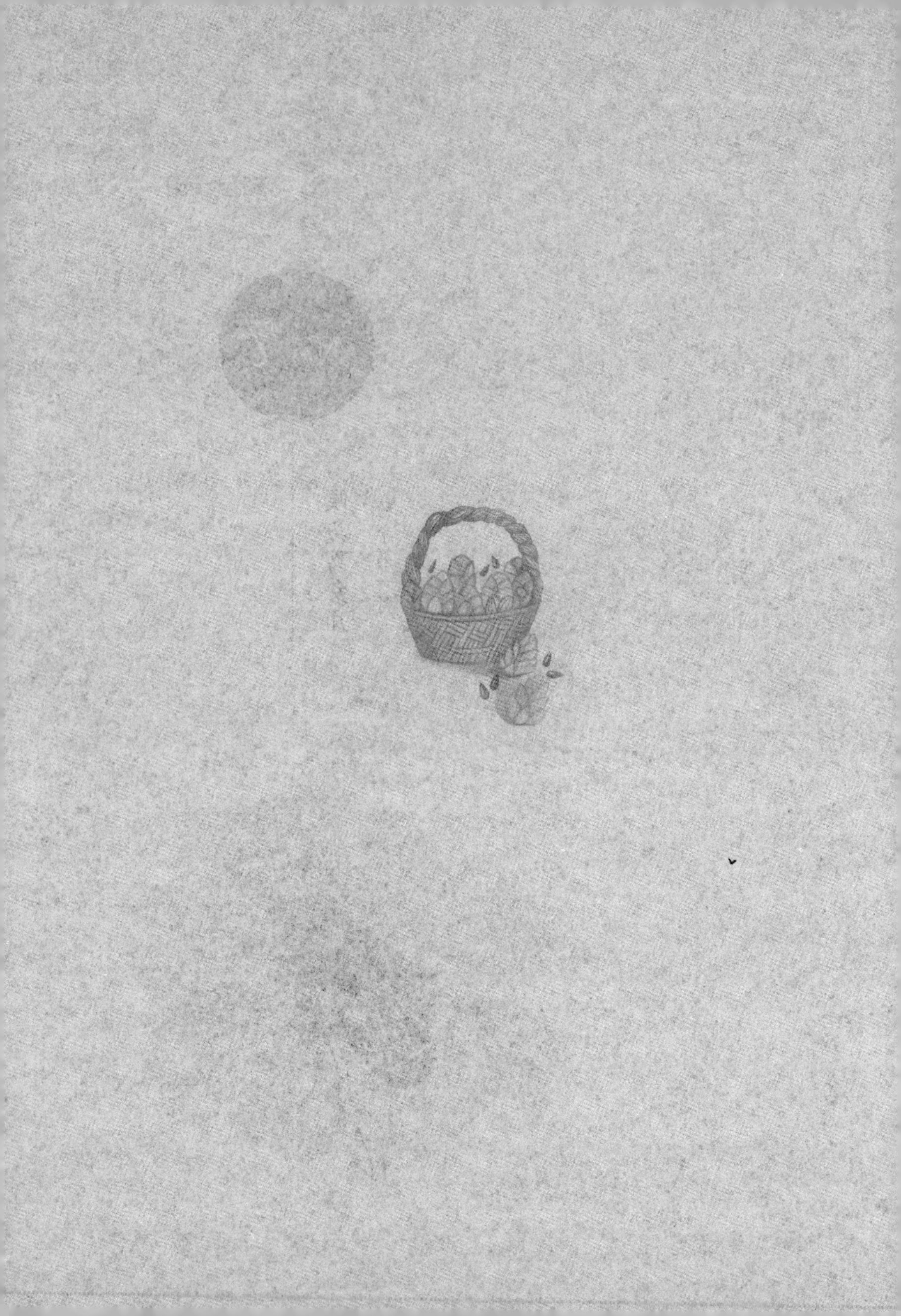

每一年都是一首长诗，
一首由十二个章节组成的太阳诗篇

**?文前小问号**

在人们的印象中，秋天是伤感的。在这些报道中，有伤感的别离场面吗?

九月，天空越来越蹙起了眉头，风呼呼作响。秋季的第一个月就这样到来了。

像春天一样，秋天也有自己的工作时间表，只不过程序截然相反，先从空中开始。树上的树叶渐渐变黄、变红、变成深褐色。只要光照不足，树叶就开始枯萎，很快褪去绿色，叶柄与树枝连接的地方现出衰老的痕迹。即使在寂静无风的日子里，树叶也会突然飘落，这儿落下一片黄色的白桦树叶子，那儿落下一片红色的山杨树叶子。它们在空中轻盈地飘舞，在地上悄无声息地滑行。

**字词释义**

蹙（cù）：可与部分汉字组成不同词组，有多种不同的意思，如有紧迫、皱，收缩、局促不安之意。本句中“蹙起了眉头”就是皱起了眉头的意思。

**细节描写**

此处描写了秋天时树叶枯黄的细节，非常细腻多情，有丝丝入扣的美感。

清晨，当你从梦中醒来，看到草地上出现了白色的霜，你会在日记中这样写道：“秋天到了。”从这一天开始，确切地说，是从这一夜开始，从黎明前的霜降开始，树叶会越来越多地飘落下来，直到刮起猛烈的东北风，掳走树上全部树叶，整片森林便也卸去了华丽的夏装。

雨燕不见了踪迹，家燕和其他在这里过夏的候鸟也整装待发。它们常常是在夜里悄然离开，开启了漫漫旅程。空中变得寂静，河水越发清冷，人们不再想下河游泳。

**点评**

从自然万物全面描述了秋天的景象，全面、生动，又生动有趣。当描写秋天时，我们要借鉴这种多角度描写。

天气突然之间又变得晴朗干爽，似乎是想回味一下那明媚的夏天。一连几天天气温暖、晴好、寂静无风。长长的蛛丝泛着银光，在寂静的空中飘舞。田里的幼苗欣欣然发出绿油油的光。

“小阳春来啦！”庄稼人满心欢喜地说。他们望着那生机勃勃的秋播幼苗，眼中充满爱意。

森林里所有生物都在为度过漫漫寒冬做着准备，未来的生活将在洞穴中安全度过，被温暖包裹，其他一切事情都等明年春天再来解决。

**点评**

生物们要集体准备冬眠了。

只有兔妈妈怎么都不甘心，不愿相信夏天已经过去，于是又生下一窝小兔子！这些秋天出生的兔子被称作“落叶兔”。

秋季蜜环菌长了出来。夏天结束了。

这是一个候鸟离乡的月份。

就像春天一样，我们编辑部又收到一封封来自森林的电报，真可谓时时有新闻，日日有轶事。

就像返乡月一样，候鸟们再次开启浩大的迁徙之旅。不同的是，这次是由北向南。

秋天开始了。

## 离别之歌

白桦树上的叶子已经所剩无几。在一棵光秃秃的树干上，一个闲置的椋鸟屋正孤零零地随风摇摆。

突然，那是什么？原来是两只椋鸟飞了过来。雌椋鸟钻进了鸟屋里，煞有介事地忙活起来。雄椋鸟则落到枝杈上待了一会儿，向四周看看，然后唱起歌来，但它的声音很小，像是只唱给自己听似的。

过了一会儿，雌椋鸟从鸟屋里钻了出来。得快点儿走了，去与鸟群会合。雄椋鸟紧跟其后。很快，就在这一两天之内，它们就会踏上漫长的迁徙之旅。

这两只椋鸟来与自己的小家告别，夏天的时候，它们在这里养育了自己的宝宝。

它们不会忘记这个小房子，来年春天还会回到这里安家落户。

——摘自小科学家日记

**景物描写**

烘托出一种伤感的气氛。

**字词释义**

煞（shà）有介事：意思是指像真有那么回事一样。

**点评**

本句虽然带有“像”字，但并不是比喻，而是表示猜测。

**点评**

这个小房子，是这两只椋鸟的“故居”，值得眷恋。

# 森林里的故事

🖉 **知识锦囊**

蔓越橘，又称蔓越莓。主要生长在北半球的凉爽地带酸性泥炭土壤中，与康科特葡萄和蓝莓并称为北美传统三大水果。蔓越莓具有高水分、低热量、高纤维、多矿物质的特点，因此备受人们喜爱。

## 最后的浆果

沼泽地里，蔓越橘成熟了。它们长在泥炭土丘上，而果实就直接结在泥炭苔藓上。倒是远远就可以瞧见那些浆果，可是看不清它们究竟长在什么上面。只有走近细瞧，你才能发现，从苔藓地上长出了一些细得像线一样的茎蔓，茎蔓两侧长满了小小的、坚硬而又充满光泽的叶子。

这就是蔓越橘树丛的样子。

巴甫洛娃报道

## 一路珍重！

每天夜里，都会有鸟儿踏上迁徙的旅途，它们不紧不慢、从容不迫地飞着，中途还会休息很长时间，和春天完全是两个样子。看起来，它们是舍不得和家乡说再见。

秋天，鸟儿飞走的先后顺序与春天来的时候相反。现在，那些长得明艳花哨的鸟儿最先飞走，而春天最先飞回来的燕雀、云雀和鸥鸟却最后离开。在大多数鸟群中，都是年幼的鸟先飞走。在燕雀群中，雌鸟先于雄鸟离开。那些更强壮、更有耐力的鸟儿停留的时间会更久一些。

大部分鸟儿飞往南方，飞往法国、意大利、西班牙，飞往地中海和非洲。一部分鸟儿会往东飞，它们越过乌拉尔，飞过西伯利亚，到达印度甚至美洲，迁徙的路程往往长达数千千米。

## 林中巨人之战

傍晚，林中传来低沉而短促的吼叫声。从密林中走出几个庞然大物，这是身形硕大、长有犄角的雄驼鹿。它们那低沉的、从身体里发出的声音是在向对手挑战。

读书笔记

点评

小小的鸟儿会迁徙这么长的距离，真是令人不可思议啊。

字词释义

庞然大物：意思是指高大笨重的东西。现也用来形容表面上很强大但实际上很虚弱的事物。

**场面描写**

此处描写了雄驼鹿打斗的凶残场面，非常有动感，也非常血腥，触动人心。

**读书笔记**

**点评**

这说明公驼鹿的领地意识非常强，非常排外。

斗士们在林中空地相遇。它们用蹄子刨地，示威似的晃动着又大又重的犄角，双眼充血。紧接着，它们低下头，扑向对方，战在一起，犄角相互碰撞，发出“噼啪”的声音。

它们用巨大的身躯拼尽全力撞向对方，试图撞断对方的脖子。

它们一会儿分开，一会儿又打在一起，时而身体俯向地面，时而前蹄腾空而起，时而又用犄角撞向对方。

又大又重的犄角撞在一起，发出“咚咚”的巨响。难怪人们叫公驼鹿为犁角鹿，那是因为它们的犄角宽大厚重，长得很像耕地用的犁。

战败的公驼鹿有的会慌忙逃离战场，有的则因受到对方犄角的强力撞击，被撞断了脖子，倒在地上，血流不止，奄奄一息，而获胜的公驼鹿会用尖锐的蹄子将其踩死。

强有力的吼声再次响彻森林，一头公驼鹿在宣告它的胜利。

在林子深处，没有犄角的母驼鹿在等待胜利者的归来。

获胜的公驼鹿成为这个地方的主人，它不容许任何一只公鹿到自己的领地上来，哪怕是一只年幼的公鹿，都会将其赶走。

它那低沉而又满含威胁的吼声能传到周围很远的地方。

## 等待援助

树木、灌木和草类植物都在忙着播撒自己的种子。

枫树的树枝上垂挂着成对的翅果，它们已经相互分离，等待着过路的风儿将它们摘下来带走，播撒出去。

各种草也在等着风儿来帮忙。蓟草有着高高的茎秆，从茎秆顶部干枯的花盘里露出一束束灰色的如丝绒般松软的绒毛。沼泽地里的香蒲长得高高的，上半身穿着棕色的大衣。晴天时，山柳菊头上毛茸茸的小球随时准备随风飘散，哪怕这风是一点点微风。

**点评**

说明这些草的传播方式都是风传播。

还有其他许许多多的草类植物都需要风的帮助。它们的果实里都长着或长或短、或普通或羽状的绒毛。

**点评**

这些绒毛有助它们的种子随风而飞，飞到更远更远的地方。

在田野里、道路两旁和水沟旁有一些植物，它们在播撒种子时，需要的不是风，而是人和动物。比如，在牛蒡干枯的钩形花盘里，挤满了菱形的种子；鬼针草的果实是黑色的，上面有三个凸起的棱，棱上有刺，能穿透人们穿的长袜；拉拉藤的黏性很大，它那又小又圆的果实会牢牢粘住人的衣服，钻进衣服里。

**点评**

真是太有趣啦，我们经常不知不觉中就帮着植物完成了传播。

巴甫洛娃报道

# 城市新闻

## 突 袭

点评

这句话制造了冲突美，“大白天”和“迅猛的袭击行为”本身就是冲突，有助于提高读者的阅读兴趣，调动情绪。

在列宁格勒伊萨基耶夫教堂广场上，大白天，在行人眼皮子底下，上演了一出迅猛袭击的戏。

一群鸽子从广场上飞起来。正在这时，从伊萨基耶夫教堂的圆顶上，一只硕大的游隼（sǔn）快速俯冲下来，袭击了最边上的一只鸽子。鸽子的羽毛在空中四处飘散。

路人瞧见那群受惊的鸽子飞快地向一个屋檐下躲藏，而游隼用爪子抓着那只死去的鸽子，费了好大劲儿才把它带回教堂的圆顶上。

点评

形象地写出这些猛禽的霸道。

列宁格勒的上空是大型鹰类迁徙的必经之路。这些猛禽强盗喜欢在教堂的屋顶和钟楼上搭建自己的匪巢，

因为此处方便监视猎物的一举一动。

## 忘采蘑菇了

九月，我和同学们一起去森林里采蘑菇。在那里，我惊飞了四只灰色的花尾榛鸡，它们的脖子都短短的。

接着，我看见一条被打死的蛇。这条蛇已经风干了，挂在一个小树墩上。树墩上有一个小洞，从那里发出“嘶嘶”的声音。我猜想那是一个蛇窝，就赶紧离开了那个可怕的地方。

后来，当我走近一片沼泽地的时候，见到了一种从未见过的东西。从沼泽地里飞起七只像羊一样的东西，原来是七只鹤。在此之前，我只在学校的画报上见过鹤。

同学们每人都采了满满一提筐蘑菇，而我只顾在森林里跑来跑去，都忘了采蘑菇的事。到处可见鸟儿的身影，各处传来它们的鸣叫声。

我们往回走的时候，看见路上跑过一只兔子。它身上是灰色的，而脖子和一条后腿是白色的。

我绕过了那个有蛇窝的树墩子。我们还看见许多大雁，它们大声叫着飞过我们的村庄。

森林通讯员别兹梅内伊

**点评**

在描述一件事的经过时，我们经常会用到“接着”“后来”等衔接词汇，它们能使我们的文章有条理和秩序，层次清晰。

**点评**

“我”可真是太贪玩了。

## 躲藏

天气越来越冷了！

美丽的夏天过去了。

动物的血液都快被冻得凝固了，动作变得迟缓了，总是打瞌睡。

> **侧面描写**
> 从侧面描写了天气渐冷以及对动物们造成的影响。

长尾巴蝾螈整个夏天都待在池塘里，一次也没有出来过。现在，它爬上岸，慢吞吞地向森林爬去。它找到一个枯腐的树墩，钻进树洞里，蜷缩成一个团。

青蛙则正相反。它们从岸上跳进池塘里，潜入池底，钻进淤泥深处。蛇和蜥蜴藏到树根下，钻进温暖的青苔里。鱼儿成群结队地出现在旋涡里，或者游到水下的深坑里。

> **点评**
> 这说明不同的动物有不同的御寒方式。

蝴蝶、苍蝇、蚊子和甲虫纷纷藏进各种缝隙和孔洞里。比如，钻进土墙和栅栏的裂缝里。蚂蚁们将自己居住的高大城堡的所有出入口都封死。它们爬到城堡的最深处，紧紧挤在一起，一动不动。

挨饿的日子来了。

野兽和飞禽这些恒温动物并不特别惧怕寒冷，对它们来说，只要有食物吃就行，吃了东西就如同在身体里生了一个小火炉。可以说，饥饿与寒冷总是相伴而行。

> **请思考**
> 恒温动物的特性是什么？你知道的恒温动物有哪些？

蝴蝶、苍蝇和蚊子都躲起来了，蝙蝠也就没东西可

吃了。它们往往藏在树窟窿里、山洞里、岩石裂缝里和阁楼的屋檐下，用后爪抓住上面的物体，头朝下倒挂在那里，像裹斗篷一样用自己的两个大翅膀裹住自己，然后睡去。

青蛙、蟾蜍、蜥蜴、蛇和蜗牛全藏了起来，刺猬躲到了树根下的草窝里，獾也很少从洞穴中出来了。

点评

因为许许多多的动物都藏起来了，所以秋天就显得格外萧瑟、寂寥。

## 候鸟过冬

### 去哪儿过冬

您是否认为从气球上向下看到的一群群鸟儿都是飞往南方去过冬的？事实上并非如此。

首先，不同的鸟类会在不同时间离开。大部分鸟儿选择在夜间飞行，因为这样更安全。

此外，并不是所有的鸟儿都是自北向南迁徙，有部分鸟儿会在秋天自东向西迁徙；而有一些鸟儿则正好相反，它们自西向东迁徙。我们这里有些鸟儿甚至会飞往更北的地方去过冬。

我们的特约记者通过电报和广播的形式给我们发来消息，报道各类鸟儿迁徙的方向以及它们在途中的情况。

点评

这说明鸟类的迁徙并不是千篇一律，进一步证实了生物的多样性和世界的精彩。

请思考

电报和广播是过去时代的主要传媒方式，你了解吗？如果不了解，请课后学习一下。

## 第Φ-197357号脚环的故事

我们俄罗斯的一位青年科学家在一只小北极燕鸥的脚上绑上了一个很轻的小金属环，编号为Φ-197357。

这件事发生在1955年7月5日，地点是北极圈外、白海边的坎达拉克沙自然保护区。

同年7月末，幼鸟学会飞行后，北极燕鸥开始集结成群，踏上它们的越冬之旅。它们先飞往西南方向，越过波罗的海，之后开始沿法国、葡萄牙和整个非洲海岸向南飞，绕过好望角海峡，并继续向南极洲飞行。

1956年5月16日，在澳大利亚西海岸的弗里曼特尔市附近，一位澳大利亚科学家抓住了一只小北极燕鸥。它的脚上有一个脚环，编号为Φ-197357。这里距坎达拉克沙自然保护区的直线距离为24000千米。

这只带着脚环的北极燕鸥标本现存于澳大利亚珀斯市的动物博物馆里。

**点评**

通常，我们讲故事的顺序是先说时间和地点，然后是人物、事件。这里开篇便说了事件，然后再说事件和地点，是为了突出和强调事情的重要性。

**点评**

北极燕鸥的旅程跨越了大半个地球。

**读书笔记**

## 一路向北

绒鸭在白海边的坎达拉克沙自然保护区安静地孵出幼鸟。

绒鸭在这个保护区已经生活多年。科学家和大学生

们给绒鸭套上金属脚环，标上号码，以便了解绒鸭离开保护区后会飞向哪里，在哪里过冬，又有多少只绒鸭会飞回保护区、回到自己的老巢，以及这神奇的鸟儿生活中的其他种种细节。

人们了解到，绒鸭飞离保护区后几乎径直向北飞行，飞往北极地区，飞往北冰洋。那里生活着格陵兰海豹，还有会大声长叹的白鲸。

白海很快就会被厚厚的冰层覆盖，要是在这里过冬，绒鸭就没有食物可吃。而再往北有些地方，水面一整年都不会结冰，海豹和巨大的白鲸都在水里捕鱼吃。

绒鸭捕食山岩和水藻下面的蛤蜊（一种水下贝类）。对于它们这些北方鸟类来说，最重要的事就是填饱肚子。就算天气寒冷异常，四周汪洋一片，黑得伸手不见五指，它们也并不害怕，因为它们身上有绒毛棉袄，寒气打不透。这可是世界上最暖和的棉袄！那里的天空上不时还能现出奇妙的北极光，还有那硕大的月亮和亮晶晶的星星。即使太阳几个月都不从海面上升起，也没有什么关系，反正这些北极绒鸭感觉一切安好。它们吃得饱，自由自在，可以在那里安心地度过漫长的北极冬夜。

（未完待续）

**点评**

这对他们研究绒鸭的习性以及保护绒鸭具有非常重要的意义。

**借喻**

比喻的一种，直接以喻体来代替本体，本体和喻词都不出现，直接把甲（本体）说成乙（喻体）。此处就把绒鸭的毛说成最暖和的棉袄。

**知识锦囊**

北极光，是出现于星球北极的高磁纬地区上空的一种绚丽多彩的发光现象。

## 森林里的战争（大结局）

我们的记者发现了一个地方，此处森林里的种族之争已经结束。

这个地方就是云杉王国，是我们的记者整个行程的第一站。

以下就是他们所了解到的这场残酷战争的结局。

在与白桦树和山杨树进行的徒手搏斗中，很多云杉壮烈牺牲，但它们在不断取得胜利。

**点评**

由此可见，导致山杨树和白桦树枯萎的直接原因是缺少光照。间接原因是云杉的霸道。

云杉比对手年轻，因为它们的树龄比山杨树和白桦树的树龄要长。山杨树和白桦树都已衰老了，它们无法像敌人那样快速生长。云杉长得高过它们，将茂密的枝叶伸到了它们的头顶上，这样一来，喜光的山杨树和白桦树便慢慢枯萎了。

云杉不停地长啊长，它们下面的树荫日渐浓密。树荫下的地方如地窖般，越来越深，越来越黑。在那里，

战败者面临的是凶恶的苔藓、地衣、小蠹虫和蛀木虫，它们只能慢慢等死。

许多年过去了。

自从上次人们砍掉那片阴暗的老云杉林，已经过去了一百年。为了争夺这片自由的土地，战争持续了一百年。现在，在同样的地方，生长着同样一片阴暗的老云杉林。

在这片云杉林里，没有鸟儿的歌唱，也没有欢快的小动物安家落户，而任何一种偶然被带到这里的绿色植物都会枯萎，并很快死在那黑压压的云杉国度里。

冬天快到了，每到这个季节，森林种族都会休战。树木都进入了梦乡，它们睡得比洞穴里的狗熊还要深沉，睡得好像死去了一样，连树汁也停止了流动。它们既不进食也不生长，只是昏沉沉地睡着。

用心聆听，你会听到一片寂静。

仔细查看，你会看到，这是一个战场，尸横遍野。

我们的记者了解到，今年冬天，这片阴暗的云杉国度就要消失了。按计划，这里要进行林木采伐。

明年，这里将变成一片荒芜的空地，还会再次上演森林种族的战争。

但这次我们不会再让云杉获胜，我们将会干预这场可怕的无休止的战争。我们要把一些新的树种移植到这

**点评**

无疑，这里的战败者指的就是山杨树和白桦树，它们的境遇非常糟糕，简直是腹背受敌。

**点评**

历史的悲剧在不停地重复。

**点评**

此处作者巧妙地调动了读者的听觉和视觉，增强了文章的艺术美和文学美。

**请思考**

“我们”为什么要这样做呢？干预的目的是什么呢？

里，并关注它们的成长。如有必要，我们会在林子上方开出几扇窗户，好让明媚的阳光照射进来。

到那时，这里也会有鸟儿给我们唱起动人的歌谣，会一直一直唱下去。

**点评**

以美好的愿望做结尾，给人留下希望。

## 农庄纪事

地里空荡荡的，丰收的庄稼已经收割完毕。城乡居民已经吃上了用新粮烤制的馅饼和面包。

沟地里和山坡上的亚麻也经历了风吹日晒和雨淋，是时候把它们收起来了。之后要把它们运到打谷场，在那里加工、揉搓捶打。

孩子们已经开学一个月了。田里看不见他们的身影，大人们现在已经快挖完马铃薯了。人们把这些马铃薯运送到各个车站，或储藏在干燥的沙丘上挖出的坑里，以备后用。

菜园子里也空荡荡的，最后从地垄上收割的是包得紧紧的卷心菜。秋播的庄稼地绿油油一片，这是农庄庄员们为国家新种的庄稼，会获得更大的丰收。

田里的灰山鹑已经不是一窝一窝地待在地边上，而是聚成很大的群，每群有一百多只，甚至更多。

**点评**

为什么地里会空荡荡的？因为庄稼被收割完毕，新一茬的庄稼尚未播种或者未长高。

**点评**

把孩子们送进学校，大人们也有了更充裕的劳作时间，劳动效率极高。

猎杀灰山鹑的季节很快就要结束了。

## 采集种子

九月，很多乔木和灌木的种子和果实都成熟了，这个时候最要紧的就是多采集些种子，以便日后种在苗圃里，或者用于绿化运河和新池塘。

**点评**

小小的树种子将来有威猛的绿化功能，是它们净化了我们呼吸的空气。

若要采集大量乔灌木种子，最好是在它们完全成熟之前，或者在它们成熟之后马上进行，用最短的时间完成采集。特别是在采集挪威槭、橡树和西伯利亚落叶松种子时，最不能耽搁时间。

需要在九月采集的树种有：苹果树、野梨树、西伯利亚苹果树、红色接骨木、皂荚树、荚蒾树、板栗树、欧洲七叶树、榛子树、沙枣树、沙棘、丁香、乌荆子树，野蔷薇，以及常见于克里木和高加索地区的山茱萸。

**点评**

在写作过程中，我们经常会用到罗列法，就是简简单单地将事物列举出来。其实，语言光鲜亮丽是一种美，而简简单单、不着修饰的文字同样也蕴含着清新淡雅之美。

# 农庄新闻

（巴甫洛娃报道）

## 挑选母鸡

昨天，人们在集体农庄的养鸡场里筛选了母鸡。他们小心地用一块屏风把母鸡围在一个角落里，然后一只一只地抓起来，交给专家检查。

你瞧，专家手里拿着一只长嘴、体型瘦长的母鸡。它头上的冠子小小的、毫无血色，而且一副睡眼惺忪、愚态尽显的样子，好像在说："你干吗打扰我？"

专家把母鸡递了回去，说："这种不行。"

接着，他拿起一只短嘴、大眼的母鸡。这只母鸡的

**请思考**

挑选母鸡的目的是什么呢？

**外貌描写**

描写了母鸡的外貌、神态，逼真又形象。

头宽宽的，鲜红的鸡冠歪向一侧，两眼炯炯有神。这只母鸡一边挣扎，一边“咕咕咕”地叫，仿佛在说：“放开我！立刻放开我！别把我堵在这儿！别碰我！别妨碍我干正事！你自己不抓虫子，别人还要抓呢！”

> 语言描写
> 这些语言反映了母鸡被抓在手里非常不满的情绪，以及拼命挣扎的样子。

“这只不错，这才是能给我们下蛋的鸡。”专家说道。

原来，只有那些生机勃勃、精力充沛且活泼欢快的母鸡才能多下蛋。

> 点评
> 筛选母鸡的目的揭晓，原来是挑选产蛋能力强的啊。

## 乔迁之喜

鱼塘里的小鲤鱼们在渐渐长大。

春天的时候，它们的妈妈在一个小小的鱼塘里产下了鱼卵，然后，这些鱼卵变成了七十万尾鱼苗。在这个鱼塘里面，没有其他鱼，只有这一大家子：七十万个兄弟姐妹。可是，仅仅过了一个半星期，它们就感觉拥挤了。于是，人们把它们搬到一个很大的夏季池塘里。在这个鱼塘里，鱼苗慢慢长大，临近秋天的时候，它们便已经改名为鲤鱼了。

> 点评
> 这可真是一大家子啊，尽管我们肉眼看不出来。

现在，这些小鲤鱼又准备搬到冬季池塘里了，它们将在那里过冬。过了冬，它们就是一岁的鲤鱼了。

> 点评
> 原来和人类一样，鱼也有年龄的划分标准啊。

## 星期天的劳动

同学们帮助曙光集体农庄收割根茎植物，挖甜菜根、芜菁、芜青甘蓝、胡萝卜和欧芹。他们发现，芜青甘蓝的块头比瓦济科·彼得罗夫的头还要大，而瓦济科的头本来就已经很大了。最让他们惊奇的要算那根大得出奇的饲用胡萝卜。

格纳·拉里亚诺夫把这根胡萝卜贴近自己的腿，竟然和他的膝盖一般高！胡萝卜的上半部有一个手掌那么宽，好一个大家伙！

格纳·拉里亚诺夫说："古时候，人们肯定是用根茎植物打仗的。他们用芜青甘蓝代替手榴弹甩向敌人，而当徒手肉搏的时候，又用这种大胡萝卜'砰'的一声砸向敌人的脑袋！"

"那时根本种不出这么大的作物。"瓦济科·彼得罗夫反驳道。

## 把小偷关到瓶子里！

红色十月农庄的一个养蜂人说，他要把小偷关到瓶子里。

那天，由于天气寒冷，蜜蜂们没有飞出去，而是留

**知识锦囊**

芜菁(jīng)：又叫大头菜。根扁球形，肉质白色或红色。茎直立。叶狭长，边缘有低平不整齐的锯齿。春开黄花，种子褐色。根及嫩叶可供食用。

**读书笔记**

**点评**

采用倒叙的手法，引人入胜。

在蜂房里。坏蛋黄蜂终于等到了时机。

黄蜂们飞到蜂场，企图从蜂房里盗取蜂蜜。它们还没飞到蜂房跟前，就闻到了蜂蜜的味道，还发现味道是从蜂场上的一些瓶子里传出来的。实际上，瓶子里面装的都是蜂蜜水。

这些黄蜂改变了主意，不再去蜂房盗取蜂蜜了。也许它们觉得，从瓶子里盗取蜂蜜要比从蜂房里盗取显得更文明些，也更安全些。

然而，黄蜂们一行动就陷入了圈套，都掉到蜂蜜水里淹死了。

**知识锦囊**

黄蜂，学名“胡蜂”，又名“蚂蜂”，体大身长，毒性也大。

**点评**

这些黄蜂被美味冲昏了头脑，忽略了隐藏的危险，真是自取灭亡。

## 来自全国各地的报道

### 请注意！请注意！

这里是列宁格勒《森林报》编辑部。

今天是九月二十二日，秋分。我们继续通过无线电播报我国各地区的情况。

现在开始呼叫。呼叫冻土带，呼叫原始森林；呼叫沙漠，呼叫高山；呼叫草原，呼叫海洋。

请你们都讲讲，现在你们那里是什么情况？

### 请注意收听！请注意收听！
### 乌拉尔原始森林在播报

我们在忙着迎来送往。我们迎接了从北方冻土地带

**知识锦囊**

秋分是二十四节气之第十六个节气，秋季第四个节气。秋分这天，太阳几乎直射地球赤道，全球各地昼夜等长。

飞来的各种鸣禽、野鸭和大雁，它们路过此地，做短时停留。往往是今天来一群鸟，在这儿休息一下，吃点儿东西，而明天你再一看，它们已经飞走了。这些鸟儿都是在夜里启程，不慌不忙地上路。与此同时，我们也在送别这里的夏季鸟类。在这里过夏的大部分鸟儿都已经动身，踏上了遥远的迁徙之旅。它们追随着太阳，到温暖的地方过冬去了。

**点评**

前面已经提到过，鸟儿之所以夜里启程，是为了安全起见。

白桦树、山杨树和花楸树上的叶子变成了黄色、红色，不断被秋风吹落下来。落叶松都开始发黄，它们柔软的松针也失去了光泽。每天晚上，笨重的老松鸡都会飞到落叶松的枝杈上。它周身黑黢黢的，蹲坐在散发着柔和金光的针叶中间，用它们填满自己的嗉囊。花尾榛鸡在幽暗的云杉林里相互鸣叫应和。这里出现了许多红腹灰雀。雄灰雀的腹部呈红色，而雌灰雀腹部为浅灰色。此外，还有很多深红色的松雀、白腰朱顶雀和角百灵。这些鸟儿也是从北方迁徙而来，但它们不会再继续南飞，而是会留在这里，因为它们觉得这里挺好。

**字词释义**

嗉（sù）囊：脊椎动物鸟类食管的后段暂时贮存食物的膨大部分，称为嗉囊。食物在嗉囊里经过润湿和软化，再被送入前胃和砂囊，有利于消化。

**对比**

此处对比描写了雄灰雀和雌灰雀的颜色。

田野变得荒凉了。在晴朗的日子里，可以看到细长的蛛丝被微风吹拂着，在田野上空飘荡。偶尔还可以看见最后残存的一批蝴蝶花。卫矛属灌木丛上还悬挂着美丽的果实，红彤彤的，像极了一个个中式小灯笼。

**比喻**

把卫矛属灌木的果实比喻为中式小灯笼，非常形象。

即将挖完马铃薯，正在收割圆白菜，它们是菜园子

里最后一批蔬菜。我们要把地窖装满，准备过冬。此外，我们还在原始森林里采集松子。

小动物们也毫不落后，积极备冬。花鼠长着细长的尾巴，背上有五条黑色条纹。它的家安在一个树墩子下面。它捡回来一些松果放在家里，还在菜园子里偷了不少葵花籽，堆满了自己的小仓库。棕红色的松鼠在树杈上为自己晾晒了一些蘑菇，自己也换上了天蓝色的大衣。长尾巴的林鼠、短尾巴的田鼠，还有水鼠都在自己的粮仓里堆满了各种谷物。长有白色斑点的乌鸦，也就是星鸦，也采集了一些松果，藏到树洞里，留着困难时期度日。

熊在留心为自己挑选合适的洞穴，并把云杉树树皮撕下来，准备给自己做垫子。

人和动物都在为过冬做着准备，大家都忙得不可开交。

## 来自乌克兰草原的报道

光滑、平坦的草原经历了夏季太阳的暴晒，现在草原上有一些小球儿在欢蹦乱跳地向前快速滚动。它们滚到人跟前，围着人打转，撞在人的脚上，但你一点儿都不觉得疼，因为它们很轻很轻。其实，这根本就不是球，

**读书笔记**

**点评**

冬天的准备工作主要围绕着御寒与储备食物展开。

**多种修辞手法的并用**

这里同时用了比喻和拟人两种修辞手法，把风滚草比喻为小球儿，并且拟人化，说它们“活蹦乱跳”“围着人打转，撞在人的脚上”。

而是一团团干草枯茎，干枯的草茎伸向不同方向，紧紧抱成了一个球形。现在，这些圆球穿过沿路的土墩和石头，滚到一个小丘后面去了。

这是风把田野里成熟的风滚草连根拔起，然后吹动着它们像车轮似的在草原上一路向前滚动。在滚动过程中，风滚草播撒了自己的种子。

**点评**

风滚草的传播方式也是风传播。

在不久的将来，草原地区就不会再出现这样燥热的风了。为保护田野，苏联人民建立了防护林带。这些防护林能保护我们的庄稼不受旱灾的侵害，以列宁名字命名的伏尔加河－顿河运河的河水也已经被引过来用于灌溉。

现在正是打猎的好时节，这里有各种各样喜欢栖息于沼泽地和水上的飞禽，有本地的，也有迁徙路过这里的，它们都聚集在一些湖泊的芦苇丛里。而在一些沟壑里，在一些还没割过草的地方，往往会聚集着一小群肥嘟嘟的鹌鹑。草原上的兔子太多了，全是体型较大的黄褐色草兔，我们这里没有雪兔。这里的狐狸和狼也多得是。快来打猎吧！用枪打也行，放猎狗去咬也行。

**字词释义**

沟壑（hè）：指山沟，借指野死之处或困厄之境；比喻阻隔。

在城里的集市上，可以看到堆积成山的西瓜、香瓜、苹果、梨和李子。

**点评**

真是丰收的季节啊，集市上到处弥漫着瓜果香。

## 请注意！请注意！
## 这里是沙漠

我们这里正在庆祝节日。现在，这里又像春天那样开始焕发勃勃生机了。

令人无法忍受的酷热过去了，天空淅淅沥沥下了几场雨，空气变得清新起来。放眼望去，一片明朗。草地又开始泛绿，之前躲起来避暑的动物们又都出来了。

环境描写

描写了秋雨过后空气清新，大地湿润的景象。

甲虫、蚂蚁和蜘蛛从地下钻了出来。爪子细细的黄鼠也从深深的洞里爬了出来。尾巴超长、跳起来像袋鼠一样的小跳鼠也出现了。而夏眠醒来的沙蟒也开始捕猎这些小动物。不知从哪里来了一些猫头鹰、沙狐，还有一只沙猫，还有一些轻盈的羚羊也飞奔而来，有体型匀称的黑尾黄羊，还有鼻梁鼓鼓的高鼻羚羊。各种鸟儿们也都飞来了。

点评

针对不同的动物，用了不同的形容词，使动物的特点更鲜明。

于是，又像春天一样，这里不再是死气沉沉的沙漠。这里有了绿色，有了生机。

我们继续向沙漠宣战，成百上千公顷土地将会被防护林覆盖。这些防护林能保护田野，阻挡沙漠刮来的热风，它们能战胜沙漠。

## 这里是亚马尔冻土带

我们这里的一切都结束了。夏天的时候，山崖上是“叽叽喳喳”的鸟儿们的栖息地，而现在再也听不到有声音从那里传来。身形小巧的鸣禽飞走了，大雁、野鸭、鸥鸟和乌鸦也都飞走了。大地一片寂静，只是偶尔会传来骇人的撞击声，那是雄鹿在用鹿角相互打斗。

> 字词释义
> 骇(hài)人：惊人、令人害怕的意思。

八月就有了霜冻，现在水面都结了冰。捕鱼的帆船和摩托艇早就开走了，一些轮船被困住了，一艘笨重的破冰船艰难地破开坚硬的冰面，为轮船开出一条路。

白天越来越短。夜晚漫长、漆黑而又寒冷。雪花在空中飞舞。

> 点评
> 用罗列的方式描述了入秋后的自然万象，言简意赅。

## 来自“世界屋顶”的报道

我们帕米尔高原的山非常高，山顶高度超过七千多米，直入云霄，所以人们称这里为世界屋脊。

> 点评
> 开篇便交代了“世界屋脊”的由来。

在我们这个地方，夏天与冬天有时会共存，山下是夏天，山上是冬天。

> 点评
> 同山竟然不同季节，真是奇特啊。

现在，秋天来了。冬天开始从峰顶下移，自上而下抢占地盘。

最先受影响的是野山羊，它们放弃了寒冷的悬崖地

带，那里曾是它们的夏季栖息地。而现在那里已经没有可吃的食物了，因为所有植物都被大雪覆盖，冻死了。

盘羊也从山上的牧场向下迁移。

高山牧场上，胖乎乎的土拨鼠不见了踪迹。夏天的时候，它们可是多得很，现在它们都转到了地下。土拨鼠贮藏了过冬的粮食，把自己养得胖胖的，然后钻进洞里，用草堵住洞口。

**点评**

土拨鼠的日子过得很是惬意呢。它们住在安乐窝里，衣食无忧。

在低低的山坡地带，鹿和狍鹿也在向下迁移。野猪在胡桃林、黄连木和野杏树林子里觅食。

在下面的山谷里，忽然出现了一些夏天根本见不到的鸟类：有角百灵，有烟灰色的灰眉岩鹀，有红尾红背鸲，还有一种神秘的蓝鸟——坦氏孤鸫鸟。

这里温暖，食物丰富，从遥远的北方飞来的鸟儿也一群群地聚集到这里。

现在，山下经常下雨，每次阴雨天后，都可以发现冬天离我们越来越近了。山上开始下雪了。

**点评**

下雪几乎是冬天的标志。

人们在田里摘棉花，在果园里采摘包括葡萄在内的各种各样的水果。山坡上，有人在采摘核桃。

山上的山隘里早已落满了厚厚的积雪，已经无法通行。

**字词释义**

山隘（ài）：两山之间的峡道。

来自全国各地的报道到此结束。

下一次，也是最后一次广播报道的时间为12月22日。

## 拓展训练

**请根据本部分开篇的内容，用简笔画的形式，按照由高到低的空间顺序，画出你们当地“秋天的时间表”。**

**关于种子传播的问题，你还懂得哪些本部分没有提到的知识？**

我的笔记

# No. 8

# 储备粮食月

（秋季第二月）

每一年都是一首长诗，
一首由十二个章节组成的太阳诗篇

**?文前小问号**

现在，普通家庭已经基本不需要储备粮食了。森林中的生灵会怎样储备它们的粮食呢？

十月意味着落叶、泥泞和寒冷，它是冬季的前奏。

秋风把树上残存的最后一批叶子毫不留情地撕扯下来。雨雾漫漫，一只浑身湿漉漉的乌鸦落在篱笆墙上，百无聊赖地等待着即将踏上的旅程。一些灰乌鸦在我们这里度过了夏天、秋天，它们将悄无声息地迁往南方。与此同时，一些出生在北方的乌鸦，同样会悄无声息地飞来这里，在这里过冬。原来，乌鸦也是候鸟。在遥远的北方，乌鸦总在春天最先飞回故乡，又在秋天最后离开，就像我们这里的白嘴鸦一样。

**请思考**

十月是冬季的前奏。那冬季的高潮和尾声又分别是什么呢？

**字词释义**

百无聊赖：形容思想感情无所寄托，非常无聊。

秋天做完了第一件事——脱去树木的衣裳。现在，它开始着手去做第二件事情——把水变得冰冷。每天清晨，一片片水洼地都会结上一层薄脆的冰。与空中一样，水里的生命力也在逐渐减弱。夏天，各种鲜花于水面上争奇斗艳；而现在，它们早已将自己的种子播撒在水底，并把自己那长长的花梗缩到了水面下。鱼儿们潜藏在水坑深处，准备在那里过冬，因为那里的水不会结冰。一只拖着长长的尾巴、浑身软绵绵的蝾螈从水里钻了出来。整个夏天，它都在池塘里度过，现在却爬上了岸。它要找一棵树，在树下的青苔地里度过冬天。那些不流动的水都开始结冰了。

陆地上，一些冷血动物的血液在变冷。各种昆虫、鼠类、蜘蛛和蜈蚣都藏了起来。蛇爬进干燥的坑里，相互缠绕在一起，一动不动；蛙类钻进泥沼里；而蜥蜴则藏在脱落的树皮下面，开始冬眠……动物们有的换上了厚衣裳，有的把家里的储藏室装满粮食，还有的正在为自己谋划住所……大家都在忙碌着。

在阴雨绵绵的秋天，天气无常，变化多端。有时，细雨连绵；有时，大雨倾盆；有时，甚至还会下雪；有时，秋风骤起，刮得你心绪不宁，升起无边烦恼；有时，则狂风怒吼，似乎要毁掉这个世界；还有时，风会从你脚下刮起，卷走地上的一切。

**点评**

随着天气渐冷，连鲜花也懂得收敛能量。看来，“冬主收藏”的说法真的很科学啊。

**知识锦囊**

冷血动物，又称变温动物。变温动物因为其体内没有自身调节体温的机制，仅能靠自身行为来调节体热的散发或从外界环境中吸收热量来提高自身的体温。

**排比**

作为修辞手法的一种，排比是把结构相同、相似、意思密切相关、语气一致的词语或句子成串地排列起来，达到一种加强语势的效果。此处用四个排比句强调秋天的天气特征。

# 森林里的故事

## 准备过冬

虽然天气还不是很冷，但也不能再闲坐着看热闹了。你瞧，大地与河流好像一下子就冻上了冰。该到哪里去找粮食呢？又去哪里藏身呢？

森林里的居民们都在用自己的方式做着过冬的准备。

该飞走的已经飞走，远离了饥饿和寒冷，而留下的都在忙着填满自己的小仓库，储备过冬的食物。

短尾田鼠特别起劲地搬运着粮食。它们很多干脆就在干草垛和粮食垛下为自己挖了过冬的洞，每晚往家里偷粮食。它们的每个洞都与五六条路相连，每一条路都有入口。洞里有一间卧室，还有几间储藏室。

**点评**

那些在干草垛和粮食垛下挖洞过冬的短尾田鼠真是聪明至极，很会规划自己的生活啊。

只有在极其寒冷的时候，田鼠才会进入冬眠；所以，它们要储备大量的粮食。一些田鼠的洞里已经堆集了大约四五千克的精选稻谷。

这些小型啮齿类动物会把地里的粮食偷光；所以，必须想办法对付它们，保护我们的粮食。

点评

田鼠也很喜欢吃好的，专门储备精选稻谷。

点评

看来人类和小型啮齿动物之间将不可避免地发生粮食保卫战啊。

## 第一次过冬

树木和多年生草本植物都已经做好了过冬的准备，一年生草本植物也已播撒下了自己的种子；但是，并非所有的一年生草本植物都将以种子的形式度过冬天，它们中有一些已经发了芽。

在已经翻过土的菜园子里，许多一年生杂草已经发芽、出苗。在光秃秃的黑土地上，可以看到荠（jì）菜那一簇簇遍布坑洼的小叶片，还有长得类似荨麻、叶子毛茸茸的紫红色野芝麻，身型小巧、气味芬芳的洋甘菊，也有蝴蝶花、遏蓝菜，当然，还有那令人生厌的扁蓄。

所有这些一年生草本植物都在准备过冬。它们将在积雪的覆盖下努力活到下一年秋天。

巴甫洛娃报道

点评

根据本句的意思，我们可以把积雪比喻为草本植物的“被子”。

## 储备蔬菜

夏天，短耳朵水鼠住在紧挨河边的一座小房子里。那里有一间地下卧室，从卧室出来顺坡向下，就可以直接进到水里。

现在，水鼠为自己造了一个既温暖又舒适的过冬住所。这个住所远离河边，位于一片草丘地上。通往住所的地下通道有好几条，每条通道的长度有一百步，甚至更长。

在一个最大的草丘下，水鼠给自己布置了一间卧室，在里面铺上了柔软温暖的干草。

储藏室有几条专门的通道与卧室连接。

储藏室里的东西分门别类，摆放得井井有条。这些都是水鼠从田里或者菜园里运回来的，有谷物、洋葱、土豆、豌豆以及其他各种豆类。

**点评**

看来，动物们都有一定的生存智慧，会把房了建在自己非常便利的地方。

**点评**

水鼠可谓是住在豪宅里啊，房子够大，布局广阔，食物应有尽有。

## 松鼠的晾物台

松鼠在树上有几个圆圆的巢，它把其中一个用作储藏室，里面储存着它采集的榛子和松果。

除此之外，松鼠还采集了蘑菇，有牛肝菌和桦蘑。它把这些蘑菇放在一些折断的松树枝上，晒干备用。冬

**点评**

松鼠也是美食家啊，会晒蘑菇干，当作零食。这也是它们热爱生活的表现吧。

天的时候，松鼠就在树枝间活动，吃点儿蘑菇干补充体力。

## 奇妙的储藏室

姬蜂给它的幼虫找了一间奇怪的储藏室，同时也是幼虫的藏身之所。

姬蜂的翅膀能快速扇动，有一对向上弯曲的触角，触角下面是一双锐利的眼睛。它的腰极细，将姬蜂的身体分隔为胸部和腹部两部分。它腹部末端有一根针一样的刺，又长又直又细。

> **外貌描写**
> 此段描写了姬蜂的外貌形态，读者直观又形象地感知这种昆虫的样貌。

夏天的时候，姬蜂袭击了一只又大又肥的蝴蝶幼虫。它骑在这个幼虫的身上，把尖尖的尾针刺进它的身体，扎出一个小洞。通过这个小洞，姬蜂把自己的卵排在蝴蝶幼虫的身体里。

> **点评**
> 简直太有戏剧性了，姬蜂竟然借用蝴蝶的身体来孕育自己的孩子，真是匪夷所思。

之后，姬蜂飞走了。这只蝴蝶幼虫很快从恐慌中恢复过来，又开始吃树叶了。到了秋天，蝴蝶幼虫便结茧化成了蛹。

这时，在这只蛹里，姬蜂的卵也孵化成了幼虫。在这结实的茧里，姬蜂幼虫感觉又温暖又安全，一整年都有充足的食物。

又一个夏天来临，有东西破茧而出；但飞出来的不

是蝴蝶，而是一只腰部纤细但结实健壮、黑黄红三色相间的姬蜂。

姬蜂是人类的朋友，它能消灭害虫的幼虫。

## 身体储藏室

很多动物并不需要专门的储藏室，它们自己的身体就是储藏室。

它们只需在秋天的几个月里大吃特吃，把自己养得胖胖的，让身体里堆积起厚厚的脂肪，而这就是它们储存的食物。

脂肪在皮下堆积成厚厚的一层，等它们没什么东西可吃的时候，脂肪就会进入血液，就像食物养分透过肠壁进入血液一样。血液会把养分输送到全身各处。

熊、獾、蝙蝠，还有其他一些整个冬天都在沉睡中度过的大大小小的动物们，它们就是这样用自己的身体来储存食物的。

除此之外，身体里的脂肪还能够燃烧、产生热量，这使得这些动物一点儿也不惧怕寒冷。

**请思考**

我们有“贴秋膘”的习惯，是不是也是为了储存能量呢？

**点评**

关于脂肪的功能，通过这两个自然段，我们可以归纳一下，至少有提供养分和产生热量两个功能。

## 贼被贼偷

森林里的大耳猫头鹰是多么狡猾啊！可即便如此，它还是被一个盗贼给偷了。

从外表看起来，大耳猫头鹰和雕长得简直一模一样，只是体型较小。它的嘴像钩子一样，头上的羽毛竖着，鼓鼓的眼睛又大又圆。不管待在多黑暗的夜晚，猫头鹰什么都能看得见，什么都能听得清。

只要老鼠在干枯的树叶里刚发出一点儿声响，猫头鹰就已经飞到它跟前了。"嗖"的一下，老鼠已随猫头鹰飞上了天空！而小兔子只要在林中空地上一闪，猫头鹰这只黑夜强盗就已经飞到它的上方，"嗖"的一下，兔子已经在猫头鹰的爪子里挣扎了！

大耳猫头鹰会把死老鼠拖回自己的树洞，储存起来。它自己不吃，也不给别人吃，它要留着等没食物的时候再吃。

白天，大耳猫头鹰蹲坐在树洞里，看守着储藏的食物；夜晚飞出去捕猎的时候，还会时不时地飞回树洞看看食物还在不在。

有一天，大耳猫头鹰注意到，它储藏的食物变得越来越少了。它的眼睛敏锐，虽然不会数数，但会用眼睛打量。

**知识锦囊**

很多人都对猫头鹰的眼睛感兴趣。最吸引人的有两点：第一，猫头鹰的眼睛是圆柱体的。因为眼睛呈圆柱体，所以不能在眼眶内自由地转动方向。猫头鹰若是想要观察周围的情况，需要转动整个头部才行。第二，猫头鹰的眼睛有着丰富的视杆细胞以及特殊的眼睛结构，这使猫头鹰在夜里也能够看清东西。不过，它们是色盲。

**点评**

大耳猫途鹰发现了异常，引起了警觉。

夜晚来临，大耳猫头鹰感到很饿，便飞出洞外捕猎去了。

回来的时候，它看到洞里一只老鼠都没有了！它发现在树洞底部有一个小动物在蠕动，大小和一只大老鼠差不多。

> 点评
> 看到这一幕，大耳猫头鹰一定非常生气，它会感觉自己的尊严受到挑战。

大耳猫头鹰想用爪子去抓那只小动物，可那个家伙从一个小孔钻出了树洞，跑到外面去了。它沿着地面逃窜，嘴里还叼着一只小老鼠！

大耳猫头鹰立刻追赶，很快就追上了小偷，并且认出了小偷是谁；但大耳猫头鹰胆怯了，不再去抢夺小偷嘴里的老鼠了。

原来，这是伶鼬，一种十分凶猛的动物。

> 点评
> 这说明大耳猫头鹰遇到了强敌，打不过啊，所以甘愿认输了。

伶鼬专门以盗窃为营生。尽管它体型不大，却异常勇猛，十分灵巧，敢与大耳猫头鹰争斗。要是大耳猫头鹰的胸膛被它咬上一口，那就休想逃脱。

## 红胸脯的小鸟

夏天的一天，我走在森林里，忽然听见有什么东西正在浓密的草丛里扑腾。起初，我被吓了一跳，之后，便开始小心地仔细查看，发现一只小鸟陷在了草丛里。它体型不大，身体灰色，胸脯却是红色的。我拾起这只小鸟，把它带回了家。得到它后，我欣喜不已，开心得不得了。

回到家里，我给这只小鸟喂了些面包屑。它吃了东西后，变得快活起来。我给它做了个小鸟笼，还给它捉虫子吃。整个秋天，这只小鸟都住在我家。

有一次，我出去玩，没有关好鸟笼子的门，我家的猫把这只小鸟给吃了。

我非常喜爱这只小鸟，因为这件事，我大哭了一场，但一切都于事无补了。

森林通讯员　奥斯塔宁

**点评**

说明“我”是个有爱心的人。

**点评**

这的确是一件悲伤的事，“我”感到非常自责，因为没有保护好小鸟。

## 星鸦的秘密

我们的森林里有一种乌鸦，它的体型要比普通的灰乌鸦小一点儿，全身布满白色的斑点。我们这里管这种乌鸦叫星鸦；而在西伯利亚地区，它还有别的名字。

星鸦会采集松子藏在树洞里、树根下，留着过冬吃。

冬天，星鸦居无定所，从一个地方飞到另一个地方，从这片森林飞到那片森林，就靠储存的松子来充饥。

**读书笔记**

它们吃的是自己贮藏的松子吗？并不是。每一只星鸦享用的松子都不是它自己贮藏的那些，而是它的亲戚们贮藏的。当它们来到一片从未来过的树林后，会马上寻找其他星鸦的宝藏。它们找遍所有的树洞，一定会找到美味的松子。

找到藏在树洞里的松子也就罢了；但在大冬天，星鸦是怎么找到其他星鸦藏在树根下和灌木丛下的松子的呢？要知道，整个大地可都被积雪覆盖着！

一只星鸦飞到一丛灌木旁，刨开下面的积雪，会准确无误地找到积雪下埋藏的松子。真是神奇！这里有数千棵树和灌木，它怎么知道就是在这丛灌木丛下藏着松子呢？它们依据的是什么呢？

很遗憾，我们对此还一无所知。

星鸦到底用了什么方法，能在这茫茫雪地里，准确找到其他星鸦贮藏的松子的？我们确实应该想些巧妙的法子来探究清楚这一问题。

**请思考**

那星鸦自己贮存的松子又是什么下场呢？

**疑问句的使用**

疑问句是按照句子的语气分出来的一个类，它的特点就是表示疑问的语气。是问一些事情的，表达的内容并不是陈述，所以是不确定的。本文中这两句疑问句，可谓吊足了读者的口味。

## 抓了一只松鼠

松鼠操心的只有一件事，那就是夏天采集松果，冬天再把它们吃掉。我亲眼见过一只松鼠从云杉树上采了松果，然后把它们带回树洞里。我给这棵树做上了记号。

后来，当我们把这棵树砍倒，把这只松鼠从树洞里拽出来的时候，发现里面还有很多松球。我们把这只松鼠带回了家，放进一只笼子里。一个男孩把一根手指伸进笼子，而松鼠竟然一下子咬穿了他的手指。真是个厉害的家伙啊！我们给松鼠找来许多云杉树松果，它很喜欢，精心地把它们剥开；但是，它最喜欢吃的还是榛子。

**点评**

松鼠的牙齿太锋利了，这个男孩太惨了，他当时一定痛苦万分。

森林通讯员　斯米尔诺夫

## 女巫的扫把

现在树木都是光秃秃的，因此能看到夏天看不到的景象。你看那棵远处的白桦树，上面好像挂满了白嘴鸦的巢穴。等走近点儿再看，就会发现那根本不是什么鸟巢，而是一团团黑漆漆的伸向四面八方的细树枝，人称“女巫的扫把”。这是因为这棵白桦树生了丛枝病。

**双引号的作用**

在表示绰号时，绰号要加双引号。

让我们回想一下童话故事里的“雅嘎”婆婆或女巫吧。“雅嘎”婆婆总是乘坐石臼在空中飞行，用扫把扫除自己的飞行痕迹；而女巫则是骑着扫把从烟囱里飞出来。不论女巫，还是“雅嘎”婆婆，她们都离不开扫把。就是她们在各种树上种下了病根，让这些树长出一团团

**字词释义**

石臼（jiù）：是人类以各种石材制造的，用以砸、捣，研磨药材食品等的生产工具。

丑陋的枯枝，就像一个个扫把——故事里通常就是这样讲的。

那么，从科学角度该如何解释这种现象呢？

事实上，这一团团枯枝是从树枝上生病的地方长出来的，而树枝生病则是由于某种蜱螨侵入或真菌感染造成的。蜱螨又小又轻，很容易被风吹到森林各处。它落到树枝上，钻进树枝上的嫩芽里安家落户。嫩芽最后会长成嫩枝，上面还带有叶子的胚芽。蜱螨一般没有破坏行为，只是吸食嫩芽的汁液；不过，由于它的叮咬和残留的分泌物，嫩芽就会生病。等嫩芽开始生长的时候，生长速度十分惊人，是其他嫩芽正常生长速度的六倍。

**点评**

其实，蜱螨吸食嫩芽的汁液，本身也是一种破坏，只不过是一种间接破坏力量。

**点评**

这些被感染的嫩芽，因为病态，所以速度惊人。

病芽只能长成短短的小枝条，而这条小枝条又会立刻生出侧枝。与此同时，蜱螨会在这些侧枝上产下幼虫，使它们再生出侧枝。就这样不断生杈、分枝，侧枝越长越多。于是，在原来生病的嫩芽处，长出了一团乱蓬蓬的丑陋的细枝条，成为“女巫的扫把”。

**点评**

在经过一系列的详细说明后，此处以下定义的形式得出结论，告诉读者什么是“女巫的扫把”，也就是它的来历。

当寄生菌的胚胎孢子进入树枝嫩芽并开始在里面生长时，也会发生同样的情况。

白桦树、赤杨、山毛榉、千金榆、枫树、松树、云杉、冷杉以及其他一些乔木和灌木都有可能得这种丛枝病，长出一个个“女巫的扫把”。

## 候鸟过冬（完）

### 候鸟迁徙的秘密

**疑问句**

开篇便是三个长疑问句，把问题抛给读者，激发了好奇心，让他们产生强烈的求知欲望。

为什么一些候鸟飞往南方过冬；而另一些则飞往北方，还有一些飞往西方，甚至东方呢？

为什么一些候鸟只有到了河水结冰或雪天来临，没什么食物可吃的时候才离开；而有些候鸟，例如雨燕，则严格按时间、遵照森林历法进行迁徙，即使此时周围的食物还多得吃不完？

最最重要的是：候鸟怎么知道秋天应该飞去哪里，哪里是过冬的最佳地点，以及迁徙路线是什么呢？

这一切的确令人好奇。

**举例子**

举例子这种说明方法，可以使说明语言通俗易懂，更具有说服力。这里举了两个例子来说明候鸟迁徙的令人好奇之处。

一只小鸟在我们这里，比如莫斯科或列宁格勒附近的某个地方孵化，最后破壳而出，之后，却会飞往南非或印度过冬。

我们国家有一种飞行速度很快的鹰，它会从西伯利亚一直飞到澳大利亚过冬，简直就是到了“天边”了。它们在那里待上一段时间，到春天，就会飞回西伯利亚。

## 没那么简单！

候鸟迁徙的原因看起来似乎非常简单：它们既然有翅膀，那么，就可以想什么时候飞，就什么时候飞，爱往哪儿飞，就往哪儿飞。当这里天气变冷，没有东西可吃了，那就扇动翅膀，飞到稍温暖的南方。如果那里也开始变冷，就飞得再远一点儿。等随便飞到一个气候宜人、食物充足的地方，就可以留下来过冬了。

可事实并非那么简单。不知道什么原因，我们这儿的朱雀会飞到印度去过冬，而西伯利亚燕隼会越过印度和数十个适合过冬的热带国家，一直飞到澳大利亚去过冬。

**点评**

这的确令人费解，为什么要大费周折飞到那么遥远的地方呢？似乎根本没有必要。

这意味着，让候鸟飞过高山、越过海洋，飞往千里迢迢之外的原因并不那么简单——不单单是因为寒冷和饥饿。迁徙行为有更复杂的原因，是由候鸟心里的一种感觉所导致。这种感觉不知从何而来，却牢牢控制着它们，使它们无法摆脱。

**字词释义**

千里迢（tiáo）迢：迢迢，遥远。意思是形容路途遥远。

**点评**

原来候鸟也是感觉的“奴隶”。

众所周知，在很久很久以前，我们国家的大部分地区不止一次遭到冰川的侵袭。死气沉沉的冰川不断坍塌，变成一片冰海，覆盖在我们广袤的平原之上。在之后几百年的时间里，它们慢慢退却，然后，又再次来袭，将一切生物毫不留情地掩埋在冰雪之下。

鸟类因有翅膀而获救。最先逃离的鸟儿占据了冰海岸边的地方，之后离开的鸟儿飞得更远一些。就这样，一批比一批飞得更远，就好像在玩跳背游戏一样。

**比喻**

此处又是一个非常精彩的比喻，把鸟类渐次迁徙的节奏比喻为跳背游戏。

当冰河退去，这些被迫离巢的鸟儿就会返回自己的家乡。最先飞回来的是那些飞得不远的鸟儿，接着，是飞得远一些的，最后回来的是那些飞得最远的鸟儿。也就是说，这回，跳背游戏的顺序是反过来的。这种游戏持续了很长时间，一直持续了几千年！在如此漫长的岁月里，鸟儿完全有可能形成一种习惯：秋天，寒冷来临，鸟儿离开自己的巢；春天，天气回暖，鸟儿追随着太阳，飞回故乡。习惯形成，继而“渗入血液”，之后便一直保留下来。因此，候鸟才会每年都从北向南迁徙。这种猜想是有事实依据的，因为地球上那些没有发生过冰川灾害的地方，几乎没有大规模的候鸟迁徙行为。

**请思考**

“渗入血液”具体指的是什么呢？

**点评**

尽管有事实依据，但也仅仅只是猜想，不是确定的结论。

### 其他原因

秋天的时候，并不是所有鸟儿都向飞向南方温暖的地方。它们飞往各个方向，有的鸟儿甚至向北飞，飞到最寒冷的地方去。

有些鸟儿从我们这里离开，只是因为大地被深深的积雪覆盖，水面结上了厚厚的冰层，它们没有食物可吃。

**点评**

没有食物可吃，这是个令人信服的原因。

而一旦大地出现了化冻的迹象，我们的白嘴鸦、椋鸟和云雀就会立刻返回这里。当河流和湖泊上出现融化的冰窟窿的时候，鸥鸟和野鸭也会马上飞回来。

绒鸭无法再待在坎达拉克沙自然保护区，因为冬天的白海会结上一层厚厚的冰。它们不得不向北迁徙，因为北部海域有墨西哥湾流过，整个冬天，海水都不会结冰。

冬天，如果从莫斯科驱车向南，刚驶入乌克兰，很快就能看见白嘴鸦、椋鸟和云雀。这些鸟类与红腹灰雀、山雀和黄雀这些留鸟相比，只是飞离了家乡，进行了一次小距离的迁移。其实，留鸟也不总待在一个地方，它们也会迁移。只有城市里的麻雀、寒鸦、鸽子以及森林、田野中的野鸡才会一年四季都待在一个地方，而其余鸟类都会进行或近或远的迁移。那么，该怎样辨别哪些鸟儿是真正的候鸟，而哪些鸟儿只是迁移的鸟儿呢？

拿朱雀来说吧，这种红色的金丝雀，你很难将它归入迁移鸟类之列。黄鹂也是一样。朱雀飞到印度过冬，而黄鹂飞到非洲过冬。它们成为候鸟的原因和大多数候鸟似乎不太一样，并不是源于古时候冰川的反复侵袭和退去，而是另有原因。

看看那只雄朱雀，长得就像一只普通的麻雀，但头和胸脯是扎眼的红色。太奇妙了！更令人惊奇的是黄鹂，

**点评**

也许，它们也需要换个地方，需要点新鲜感。

**读书笔记**

它浑身赤金色，只有翅膀是黑色。你会不由自主地感叹：这些鸟儿多么漂亮啊！它是否来自异乡，是从遥远的热带国度飞来的客人？

可能事实就是如此！黄鹂是典型的非洲鸟类，而朱雀是典型的印度鸟类。它们迁徙的原因可能是这样的：这些种类的鸟儿繁殖数量过剩，年轻一代被迫离开家乡，去新的地方生活和孵化幼鸟。于是，它们向北方迁徙，那里有充足的地方。北方的夏天不冷，即使是刚出生的光秃秃的幼鸟，也不会被冻坏。等天气变冷、没东西可吃的时候，它们就会返回到故乡。那时，家乡的幼鸟也都已破壳而出，鸟儿们成群地生活在一起，十分和睦，它们是不会把自己的同族赶出来的！而春天一到，它们再次飞往北方。就这样，它们飞去飞回，往往复复，数千年如此，于是，形成了迁徙的习惯：黄鹂向北飞，穿过地中海，飞到欧洲；朱雀从印度出发，飞向北方，越过阿尔泰山和西伯利亚，然后，转向西，穿过乌拉尔地区并继续向西。

看来，有些鸟类不断开发、占据新的筑巢地，由此形成了迁徙习惯。这个猜想也有事实依据。比如朱雀，可以说，在最近几十年里，我们目睹了这种鸟儿逐渐向西迁移定居，一直到达波罗的海沿岸；而冷天一到，它们还是会一如既往地飞回故乡印度过冬。

**点评**

站在读者的角度去提出问题，更显亲切。

**点评**

按照这种猜测，这些被迫离开家乡的年轻一代，还是非常具有牺牲精神的，它们为了种族的繁衍大局，不远万里飞到远方求生存，可敬可叹啊。

**点评**

外出的鸟儿回到家乡没有生疏感，留守在家乡的鸟儿也不排外，真是和睦又长情的鸟类。

**请思考**

这两种鸟儿，你们当地有吗？你留意过它们的迁徙规律吗？

这些关于候鸟迁徙原因的猜想解答了我们的一些疑问，不过，关于迁徙问题的谜团依然还有很多。

> 点评
> 这里作者用举例子的方式来说明自己的推测。

## 一只杜鹃鸟的故事

在列宁格勒附近的泽列诺高尔斯克的一座花园里，有一窝长着红色胸羽的知更鸟。一只小杜鹃鸟也出生在这个家庭里。

请不要问为什么这只小杜鹃鸟会孤零零地出现在知更鸟的巢里，也不要问这只小杜鹃鸟给它的知更鸟养父母带来了多少麻烦，令它们如何担忧，让它们付出了多少辛苦。

知更鸟夫妇费了好大劲儿才把这只比它们大三倍的贪吃鬼给拉扯大。有一天，花园的主人走近知更鸟巢，从巢里拿出已经长出羽毛的小杜鹃鸟，仔细看了看，又放回了巢里，这可把知更鸟夫妇吓得够呛。在这只小杜鹃鸟左侧的翅膀上，有一块白色的斑点，十分醒目。

> 点评
> 这对知更鸟夫妇真是伟大而无私，下了那么大功夫养育一个“假孩子”。

最后，知更鸟夫妇还是把这个“养子”养大了。即使离开了知更鸟巢，小杜鹃鸟每次一看见养父母，还是会张开红黄色的嘴，嘶哑地叫着要东西吃。

> 点评
> 说明小杜鹃对知更鸟养父母形成了深深的依赖。

十月初，花园里大多数树木只剩下光秃秃的树干，只有一棵橡树和两棵老枫树上还有色彩艳丽的叶子。就在此时，小杜鹃鸟不见了，飞走了，就像森林里所有成年的杜鹃鸟一样。而那些杜鹃鸟早在一个月前就离开了。

小杜鹃鸟和我们这里所有的杜鹃鸟一样，在非洲南部度过了这个冬天。夏天飞来我们这里的杜鹃鸟都是在那里出生的。

而今年夏天，也就是不久前，花园的主人在一棵老云杉树上看见一只雌杜鹃鸟。他担心这只杜鹃鸟会毁坏知更鸟的巢，于是用气枪把它打死了。

在这只杜鹃鸟左侧的翅膀上，有一块醒目的白斑。

> 点评
> 此处关于“白斑”的描述和前面相呼应，构思巧妙。

## 谜底不断揭开，谜团依旧存在

关于候鸟迁徙起源的猜想，我们也许是正确的。但是怎么解释下面这些问题呢？

> 点评
> 下面这些问题解释不清，我们的猜想便只能是猜想，还有很多漏洞。

1. 候鸟迁徙的路程有上千千米，它们是怎么认路的？

以前人们认为，秋季迁徙的时候，每一群候鸟中都会有一只大鸟，它能凭记忆很好地率领年轻的鸟群飞抵越冬地。而现在已经证实了，在有些当年夏天才孵化出来的鸟群里，可能连一只大鸟都没有。有些鸟类是幼鸟先于大鸟飞走；而有些鸟类，是大鸟先飞走。但不管怎

样，幼鸟们总能毫无差错地按期飞到越冬地。

真是奇妙啊！就算大鸟能凭借它一丁点儿大的小脑袋记住上千千米的迁徙路线，那么，那些刚刚出生两三个月的幼鸟，还没见过什么世面，它们又是怎么做到独立识别路线的呢？太令人费解了！

> **点评**
> 鸟儿小小的脑袋竟然有令人类无法理解的智慧。看到这里，我们很难再自信满满地说"人类比鸟聪明"。

就拿泽列诺高尔斯克的那只小杜鹃鸟来说吧，它是怎么找到杜鹃鸟群在南非的越冬地的呢？所有的杜鹃鸟先于它一个月就已经飞走，没有谁给它领路。杜鹃鸟向来喜欢独来独往，即使是迁徙时节，它们也不成群飞行。小杜鹃鸟是由知更鸟抚养大的，而知更鸟的过冬地是高加索地区。那么，我们的小杜鹃鸟是怎么飞到南非——那个杜鹃鸟世世代代过冬的地方，然后，又在春天飞回它出生的巢穴——也就是知更鸟夫妇孵化养育它的地方的？

> **点评**
> 谁能解释得了呢？一只被知更鸟养大的杜鹃会独自飞到南非去和它的同类一样过冬。这仿佛超越了我们人类的认知能力。

2. 年轻的幼鸟怎么能知道，它们该飞到哪里越冬？

亲爱的《森林报》的读者们，你们应该深入思考一下这个鸟儿的秘密，可不要再把这个问题留给你们的下一代去研究！

要解答以上问题，首先要摒弃"本能"这个让人莫名其妙的词语；然后，需要想出数千个巧妙的实验方法，以便彻底弄清楚鸟类和人类大脑的区别究竟在哪里。

> **点评**
> 摒弃"本能"，那就只能从大脑的构造上寻找突破了。

# 农庄纪事

拖拉机不再轰隆作响，农庄里亚麻的拣选工作正在收尾。最后一批载着亚麻的车队向车站驶去。

现在，农庄庄员们在考虑下一茬庄稼的问题。一些专门的育种站为全国各地的集体农庄培育了新型优质的黑麦和小麦种子。田里的活儿少了，而家里的活儿多了。现在，庄员们把精力都放在了家畜身上。成群的牛羊被赶进了圈栏，马也被关进了马厩。

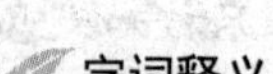

**字词释义**

马厩：读音为mǎ jiù。意思是养马的房舍，也就是马棚。

田野里一片荒芜，空荡荡的。

成群的灰山鹑越来越靠近农户的村舍。它们在打谷场过夜，有时甚至会飞进村子里。

猎杀灰山鹑的季节已经结束。现在，有枪的农户开始打野兔了。

**点评**

打猎也需要根据季节和猎物的特点而随时调整，不能一成不变，否则就收不到圆满的结果。

# 农庄新闻

（巴甫洛娃报道）

## 营养又美味

由上等干草做成的干草末是饲料里最好的调味品。

还在吃奶的小猪，如果你想快快长大，就向主人要点儿干草末吧！下蛋的母鸡，如果你想每天“咯咯哒”“咯咯哒”地叫着炫耀你新下的蛋，那就向主人要点儿干草末吧！

点评

这从侧面说明了干草末的营养价值极高。

## 百岁老人捡蘑菇

在黎明集体农庄里，住着一位百岁老婆婆，名叫阿

库丽娜。我们的记者前去探望她，但很不巧，她不在家，去采蘑菇了。

**点评**

一百岁的老婆婆还能出去采蘑菇，看来身体很健朗啊。

老婆婆回来的时候，带着满满一口袋蜜环菌。她跟我们的记者说："那些独个生长、又躲着不想让人发现的蘑菇，我已经不采了，找不到，眼神儿越来越差了。我采回来的这些蘑菇，是我最喜欢的蜜环菌。它们长得一片一片的，而且还会爬到树墩子上，好像是为了让自己更显眼似的。这是最适合老人家采的蘑菇啦！"

**语言描写**

这段语言说明了老婆婆有乐观的生活态度，虽然她的眼神越来越差，有些蘑菇没法采，但她一点儿不气馁、不沮丧，而是采其他容易看得到的。

## 秋　播

在劳动者集体农庄里，蔬菜工作队正在地垄上播种生菜、洋葱、胡萝卜和香芹菜，种子都落到了冰冷的土里。据队长的孙女说，这些种子都十分不情愿。小姑娘斩钉截铁地说，她听见种子们在大声抱怨："你们爱种就种吧！反正在这冰冷的土里，我们是不会发芽的！你们要是喜欢就种吧！"

**字词释义**

斩钉截铁：比喻言行坚决果断，毫不犹豫、拖沓。

其实，蔬菜工作队之所以这个时候才播种这些种子，就是因为它们不会在深秋时节发芽。

然而，春天的时候，它们会提前发芽，提前成熟。到时候，就能提早收获生菜、洋葱、胡萝卜和香芹菜了。这可是件令人开心的事儿。

# 城市新闻

## 在动物园里

动物园里，鸟兽们都从露天住处搬进了室内。它们的新家暖暖和和的，因此，所有动物都没有冬眠的准备。

鸟儿们都待在笼子里，仿佛在一天之内就从寒冷的国度搬到了热带国家。

**点评**

对于动物们而言，动物园里的生活条件比野外要安逸得多。不过，大部分动物还是喜欢野外的生存状态。

## 没有螺旋桨的飞机

这些天，在我们城市的上空飞着一些奇怪的小飞机。

行人们常常在马路上驻足抬头，惊奇地看着天空中

这个飞行大队缓慢地兜着圈子。他们彼此询问着：

“您看见了吗？”

“看见了，看见了。”

“真是奇怪！为什么听不到飞机发出的声音呢？”

“也许是飞得太高了？您看，这些飞机多小啊。”

“就算降低高度，你也听不到声音。”

“为什么呢？”

“因为它们根本没有螺旋桨。”

“怎么可能！难道是新型飞机吗？这新飞机叫什么啊？”

“叫‘老鹰’！”

“别开玩笑了！列宁格勒哪来的老鹰？”

“这种鹰叫金雕。它们迁徙路过这里，要飞往南方去过冬。”

“原来如此！现在，我看清楚了，是一些鸟在空中盘旋。您要是不说，我还以为是飞机呢。简直太像了！它们哪怕扇一下翅膀也好啊……”

**快去看野鸭**

几个星期以来，人们在施密特中尉桥下的涅瓦河、彼得保罗要塞旁和其他一些地方，总能看见一些长相奇

**点评**

通过这些对话，我们可以感受到行人们的惊奇之情。

**点评**

人们议论纷纷了半天，到头来才发现这些“飞机”不是飞机，而是高空中飞翔的迁徙的鸟儿，真是可笑极了。

**请思考**

假如让你针对这段话进行缩写，你将怎么缩写？请缩写，并且对比缩写前后的艺术效果。

特、颜色各异的野鸭。

有黑得像大乌鸦一样的墨海番鸭，有勾嘴、翅膀上长有白斑的海番鸭，有羽毛五颜六色、尾巴像车轮辐条一样的长尾鸭，还有黑白相间的鹊鸭。

这些野鸭丝毫不惧怕城里的喧嚣声。

甚至当黑色牵引船的铁制船头划破水面，径直向它们冲去的时候，它们也不害怕。此时，这些野鸭会钻进水里，然后，在离原地几十米远的地方再浮出水面。

这些野鸭都是天生的潜水家，是北方海路上的旅行家，每年春秋两次路过我们的列宁格勒，做短暂停留。

当涅瓦河源头的拉多加湖开始结冰并蔓延至涅瓦河时，这些野鸭会从这里消失。

**点评**

我们常听人说“艺高人胆大”，野鸭也是这样。它们之所以不惧怕，是因为它们有高超的潜水能力。

## 拓展训练

1. 请用博喻的修辞手法续写“十月意味着……”。

2. 展开你的想象力，请你猜想候鸟迁徙背后的秘密。

## 延伸思考

1. 还有哪些动物是用“身体储藏室”储备粮食过冬的？

2. “女巫的扫把”是一种植物病，你在哪种树上见到过这种病？

**我的笔记**

# No. 9

# 冬客拜访月

（秋季第三月）

# 每一年都是一首长诗，一首由十二个章节组成的太阳诗篇

**文前小问号**

为什么把“秋季第三月”标记为“冬客拜访月”？这个月到底是秋季，还是冬季呢？

十一月已是半个冬天。它是九月的孙子、十月的儿子、十二月的亲哥哥。十一月带来钉子，十二月建起了桥。在十一月，如果骑花斑马外出，会在路上一会儿遇见雪，一会儿遇见泥泞，一会儿又遇见雪。十一月有个不大的铁匠铺，它在这里打造了足够整个罗斯用的枷锁，用冰把池塘和湖泊都封住了。

秋天正在完成它的第三项工作：冰封水面，给大地盖上雪做的被子。森林里，雨水猛劲地抽打着光秃秃、黑黢黢的树木，给人以不舒服的感觉。河面上的冰闪闪

**拟人**

把十一月人格化，赋予它辈分，从中可见十一月和其他月份的关系。

**点评**

这说明十一月的天气非常复杂多变。

**点评**

这种不舒服，既包括视觉上的，也包括体感上的，还包括心理上的。

发亮，如果踩上去，脚下的冰面一定会“咔嚓”一声裂开，接着会整个人掉进冰冷的水里。被雪薄薄覆盖的秋耕地上的作物也停止了生长。

但这还不是冬天，只能算冬天的序曲，还会时不时地出现阳光明媚的温暖天气。每逢太阳高照，所有生物都开心得不得了。你瞧，那边，有一些黑乎乎的蚊子、苍蝇从树根下钻了出来，飞到空中。这边，在我们脚下，竟然有金黄色的蒲公英和款冬花在绽放，它们可都是春季开花儿的植物呢！雪也融化了……树木对此却毫无知觉，它们都沉沉睡去了，要一直睡到明年春天才会醒来。

**点评** 等到真正的冬天来了，这样的景象就不复存在了。

伐木的季节开始了。

# 森林里的故事

## 森林里不会死气沉沉

寒冷的秋风在森林中肆意妄为，光秃秃的白桦树、白杨树和赤杨树被风吹得左摇右摆、沙沙作响。最后一批候鸟正匆忙飞离自己的故乡。

在我们这里过夏的鸟儿还没全部飞走，冬天的客人就已经到来了。

每种鸟儿都有自己的喜好和习惯。有的鸟儿飞到高加索、外高加索、意大利、埃及和印度去过冬，而有的鸟儿却偏爱来我们列宁格勒州过冬。对它们来说，我们这里的冬季足够温暖，也有足够的食物。

**字词释义**

肆（sì）意妄（wàng）为：意指毫无顾忌地胡作非为，亦作“肆意妄行”。

**点评**

这一现象说明，温暖是一个相对的概念，同一气温条件下，有的鸟儿觉得寒冷，有的鸟儿觉得温暖。

## 飞舞的花

**请思考**

这些枯黄凄凉的景象，你能联想到哪句古诗？

赤杨树伸着乌秃秃的树干，显得非常凄凉！树枝上没有叶子，地面上也没有绿草，疲惫的太阳勉强从乌云里露出了头。

忽然，有五颜六色的花儿从黑漆漆的赤杨丛上欢快地飞起来了。这些花非同寻常，硕大无比，有白色的、红色的、绿色的，还有金色的。它们有的落在赤杨黑漆漆的树枝上，有的落在白桦树白色的树皮上，将白色树干装点得色彩缤纷，有的落在地面上，还有的挥动着鲜艳的翅膀飞在空中。

**场面描写**

此处描写了花在树林里飞舞的样子。描写细腻，画面感十足。

它们用一种特别像笛子的声音彼此呼应着，从地面飞到树枝，从一棵树飞到另一棵树，从这片小树林飞到另一片小树林。它们是谁，又从哪里来？

## 来自北方的客人

**色彩词的使用**

我们通常见到很多色彩词是描写花草的，此处用了大量色彩词来描写鸟的羽毛颜色，请多加留意。

它们是一些小型鸣禽，是我们冬天的客人，来自遥远的北方。有头部红色、长着红色胸羽的小朱顶雀，有烟青色、翅膀上有五根红色像五指般羽毛的凤头太平鸟，有深红色的松雀，有雌鸟为绿色、雄鸟为红色的交嘴雀。此外，还有金绿色的黄雀、羽毛金黄的红额金翅雀以及

胖嘟嘟、胸羽鲜红色的红腹灰雀。我们本地的黄雀、红额金翅雀和红腹灰雀都飞到温暖的南方去了，而上面说到这些黄雀、红额金翅雀和红腹灰雀原本是在更北的北方筑巢、生活。现在，那里一片严寒，它们来到这里，觉得我们这里还比较暖和。

黄雀和朱顶雀吃赤杨和白桦树的种子，凤头太平鸟和红腹灰雀吃花楸果和其他浆果，而交嘴雀吃松树和云杉的球果。你看，这些鸟儿在这里都能吃饱。

读书笔记

## 来自东方的客人

低矮的柳树林绽放出了美丽无比的白色“玫瑰花”。这些白玫瑰在丛林间飞来飞去，在树枝间转来转去。它们的腿就像白玫瑰的花茎，爪子上长有抓力很强的黑色脚趾，经常东摸摸，西碰碰。时而，它们又扇动着玫瑰花瓣一样的白色翅膀，在空中发出悠扬、悦耳的啼鸣声。

比喻

此处把灰蓝山雀比喻为白玫瑰，并细腻多情地描写了山雀在林间活动的情形，读来令人着迷，非常优美。

这是山雀，灰蓝山雀。

它们不是从北方飞来的鸟儿，而是来自东方，从风雪交加、无比严寒的西伯利亚而来。它们越过乌拉尔山，飞到我们这里。西伯利亚地区早已是冬天，河柳丛也已经被厚厚的积雪覆盖。

## 该睡觉了

一大片乌云挡住了太阳，天空中开始飘起湿漉漉的灰白色雪花。

一只肥嘟嘟的獾哼哼着摇摇晃晃地走回洞里。它气呼呼的，很不开心，因为森林里很潮湿，到处一片泥泞。应该钻到更深的地下去，找一个干燥、洁净的沙土洞。是时候好好地睡一觉了。

> **点评**
> 正面描写是就是用生动形象的语言，把人物或景物的状态直接具体地描绘出来。正面描写的方法一般有肖像、动作、语言、心理、神态描写等。此处言语不多，但兼用了多种正面描写方法，说明作者驾驭语言的能力极强。

刚刚，一种体形小巧、羽毛蓬松的林鸦和北噪鸭在密林中打了一架，它们那潮湿的、浅咖啡色的羽毛不时在林中闪现，尖利的叫声回荡在空中。

一只老乌鸦在树顶“嘎嘎”叫了两声。原来，它发现了远处动物的腐肉，于是，挥动蓝黑色油亮发光的翅膀飞了过去。

森林里一片寂静，灰白色的雪花沉甸甸地落在黑色的树枝和棕褐色的土地上，地面上的叶子开始腐烂。

> **环境描写**
> 此处描写了森林里落雪的情景，也是我们经常遇到的场景，可以借鉴，尤其是描写雪落的样子。

雪越下越大，越下越大，鹅毛般的大雪淹没了黑色的树枝，遮盖了大地。

我们列宁格勒州的各条河流，如伏尔霍夫河、斯维尔河和涅瓦河，都被严寒笼罩，相继结冰。最后，连芬兰湾也被冻住了。

## 兔子的诡计

夜里，灰兔溜进一座果园。临近早上的时候，它已经啃了两棵小苹果树的树皮。嫩嫩的树皮可真甜啊！雪花落在灰兔的头上，它丝毫也不在意，一直啃啊，啃啊……

村里的公鸡打鸣了，一声，两声，三声。看家狗也醒了，汪汪地叫了一阵子。

这时，灰兔才猛然想起：趁着人们还没起床，得赶紧跑回森林里去。

周围一片雪白，人们离老远就能发现它那身显眼的皮毛。它真羡慕雪兔啊，现在的雪兔周身都是雪白的。

夜里，新下了一场雪，特别容易留下脚印。灰兔一路跑过去，雪上留下一串串脚印。长长的后腿留下的是长条状的脚后跟印记，而短小的前腿留下的是一个个小圆圈。就这样，它的每一个脚印、每一个爪痕都清清楚楚地留在了雪地上。

灰兔穿过田野，跑进森林，身后留下一连串的脚印。它多想在饱餐一顿后在灌木丛下打个盹儿啊；但不幸的是，无论它藏到哪里，那些脚印都会暴露它的行踪。

这时，灰兔想出了一个主意：它要把自己的脚印弄乱，做个伪装。

**点评**

这真是一只贪吃的小灰兔啊。

**点评**

算它机敏，要不然被人发现了，一定会挨打。

**细节描写**

此处抓住灰兔在雪地逃跑的细节进行描写，令人印象深刻。

**点评**

灰兔也算是急中生智的典范了。

村民醒来了，果园主人走进果园。我的天啊！两棵最好的苹果树被啃掉了树皮！他看了一眼雪地，发现树下有兔子的脚印，马上就全明白了。他握紧拳头，发狠说道：“等着瞧吧！我会用你的皮来补偿我的损失。”

他回到木屋，给枪装上子弹，寻了出去。

瞧，兔子就是从这儿钻过篱笆逃到田野里去的。到了森林，兔子的脚印沿灌木丛转了一圈。这可难不倒我，我会搞明白的。

这是第一个圈套：灰兔绕着灌木丛跑了一圈，然后横穿过自己的足迹逃跑了。

而这就是第二个圈套。

果园主人紧跟着足迹前行，两个圈套全被他识破了。他已做好准备，随时准备开枪。

等等，这是怎么回事？脚印突然中断了，周围雪地上干干净净。如果兔子从这跳过，一定会留下足迹呀。

果园主人弯下腰仔细观察。哈哈！原来这是一个新花招：灰兔沿着自己的足迹往回走了，每一步都准确地踩在原来的脚印上。乍一看，还真发现不了是“双重脚印”。

果园主人也循着兔子的足迹往回走，走啊，走啊，又回到了田野上。这意味着，他肯定忽略了什么东西，一定还有另一个诡计没被他识破。

读书笔记

点评

一开始，果园主人显然低估了灰兔的聪明才智。

点评

灰兔很狡猾，但果园主人也不是等闲之辈，他在不停地识破兔子的诡计。

他返身往回走，沿着“双重脚印”又走了一回。哈哈，原来如此。实际上，双重脚印很快就结束了，之后又是单行脚印。好好找找，灰兔一定是从这里跳到旁边去了。

> 点评
> 如果没有耐心，果园主人一定会被灰兔气疯的。

果然如此。就在沿着脚印往回走的过程中，灰兔跳过一个灌木丛，往旁边跑去了。之后，脚印又变得均匀，然后，又中断了。接下来，又是一行新的双重脚印穿过灌木丛。再接下来，兔子是跳着走的。

现在再观察一下两侧，又发现一行转向旁边的脚印。这会儿，灰兔一定躺在某个灌木丛下。哼！还耍花招，休想骗得了我！

此时，灰兔的确就在附近，只是不像果园主人想的那样躺在灌木丛下，而是躲到一大堆枯树枝下面去了。

> 点评
> 果园主人受思维定式的影响，想当然地认为灰兔应该躺在灌木丛下。

它在睡梦中听见沙沙的脚步声，这声音越来越近，越来越近。

灰兔抬起头，看见一双穿着毡靴的脚正向这边走过来。一支黑色的枪杆垂向地面。

灰兔悄悄地从藏身的枯树枝堆里钻出来，箭一般窜到后面。之后，只见它那白色的短尾巴在灌木丛中闪了一下，就没了踪影。

> 点评
> 在这场持久的较量中，果园主人最终还是输给了灰兔。

果园主人只能空手而回。

## 啄木鸟的工作场

在我们的菜园子后面，长着许多老山杨树和老白桦树，还有一棵很老很老的云杉树。老云杉树上挂着几个球果，一只羽毛鲜艳的啄木鸟飞来享用这些球果。它落在树枝上，用长长的喙啄下一个球果，然后沿着树干向上跳，找到一个树缝，把球果塞进去，然后再用喙去啄。当把球果里面的籽啄出来之后，它就把这个球果扔下去，再去取下一个球果，再同样把第二个球果塞到那个缝隙里。接着，是第三个……就这样，它一直忙到天黑。

谷波列夫

**请思考**

啄木鸟啄球果时会发出什么样的声音？请用合适的象声词表达出来。

**点评**

这只啄木鸟很勤奋啊。

# 农庄新闻

今年，我们州各集体农庄的农活儿干得特别出色。对于很多农庄来说，一公顷土地产出一吨半粮食成了一件很平常的事，甚至一公顷土地产出两吨粮食也不算什么稀罕事了。一些突出的劳动小队获得了巨大丰收，一些先进工作者被授予“社会主义劳动英雄”的荣誉称号。

点评

说明庄稼收成很好，产量很高。对于农民而言，这是最值得开心的事。

国家很重视这些光荣的田间劳动者的忘我劳动精神。政府为了奖励一些农庄庄员做出的巨大贡献，授予他们“社会主义劳动英雄”的光荣称号，或者授予各种勋章和奖章。

现在，冬天到了，田间的工作都结束了。

妇女们开始忙活牛棚里的活儿，而男人们则给牲畜运送饲料。

有猎狗的人出去打松鼠去了。还有许多人到森林伐

点评

丰收的季节过后，农庄里的人们又各司其职，奔赴各自不同的岗位。一派和美的景象。

木场干活儿去了。

灰山鹑成群地聚在一起，离人们的住处越来越近。

孩子们去上学了。放学后，他们设陷阱捉鸟，从山坡上往下滑雪，踩滑雪板滑或坐雪橇。晚上，他们做功课、读书。

## 吊在细丝上的房子

点评

同样是疑问式开头，激发了读者极大的阅读兴趣。

有这样一种房子，它们吊在细丝上，风一吹就会左摇右晃。房子里没有任何取暖设施，而且墙壁的厚度不会超过一页纸的厚度。在这样的房子里，能不能过上一冬？

点评

自问自答，故意制造悬念。

难以想象，这样的房子怎么能住呢！而我们却看到过很多这种条件极差的房子，它以干叶子为建筑材料，借助于蛛丝挂在苹果树上。村民们看见这些小房子，就会把它们摘掉并销毁。原来，这些房子里面的住客并非善良之辈：它们都是害虫，是苹果粉蝶的幼虫。如果让它们留在这房子里过冬，到春天的时候，它们就会啃食苹果树的嫩芽和花。

点评

对于这样的害虫，就是不能手下留情，所以，村民们的做法是正确的。

森林为人们填愁，也能为人们解愁。

昨天夜里，在光明之路集体农庄发生了一起盗窃未遂案。大约半夜光景，一只体型硕大的野兔溜进了果园，

打算啃食小苹果树的树皮，但这树皮像云杉树一样扎嘴。经过几次失败的尝试之后，这个贼最终放弃了。它离开光明之路农庄的果园，跑到附近的森林里去了。

原来，村民们早就预见到会有从林子里来的窃贼偷盗果园，他们事先砍了云杉树的树枝，把苹果树的树干包了起来。

点评

原来，村民们早就预见到了，提前做足了功课，凭借智慧撵走了“窃贼”野兔。

## 种到温室里

在劳动者集体农庄，人们正在挑选小葱和小芹菜根。

“爷爷，这是给牲口准备的饲料吗？”队长的孙女问道。

队长笑了起来，回答道：“不是的，孙女，你猜错了。我们要把这些小葱和小芹菜根种在温室里。”

“为什么？是为了让它们长得更高、更大吗？”

“不是的，我的好孙女，是为了让我们在冬天也能吃上绿叶蔬菜。冬天，我们吃土豆的时候，可以撒上点儿新鲜的绿葱，喝汤的时候，可以加上点儿芹菜末。”

读书笔记

点评

我们现在所吃的蔬菜，大部分也是温室栽种的。

# 城市新闻

## 瓦西里岛区乌鸦、寒鸦大会

> 点评
> 寒鸦和乌鸦都很守时啊，我们也应该向它们学习，学会时间管理。

涅瓦河结冰了。现在，每天下午四点钟，瓦西里岛区的寒鸦和乌鸦都会聚在斯密特中尉桥（第八大街对面）下面的冰面上。

一阵吵闹过后，鸟儿们分成几群飞往瓦西里岛的各个花园过夜。每一群鸟都住在它们喜欢的花园里。

## 侦察员

> 点评
> 越是体积小的动物，人类的肉眼越难以发现它们，防治起来也就越困难。

人们要保护城市花园和墓地里的树木，但这些树木的敌人是人类对付不了的。它们非常狡猾，而且长得又小，很难被人发现，园丁们根本看不见它们。这就需要

专门的侦察员来帮忙了。

在各个墓地和各大果园里，都可以看见这些侦察员工作的身影。

领头的是一只羽毛五颜六色的啄木鸟。它头上顶着红色的帽圈，嘴就像一把尖刀刺进树皮里，并不时发出响亮的号令："啄！啄！"

跟在啄木鸟后面的是各种各样的山雀。有凤头山雀，戴着又尖又高的帽子；有褐头山雀，它就像一根短短的钉子，头上扣着一顶厚厚的帽子；还有黑黑的煤山雀。此外，在这支队伍里面，还有嘴长得像锥子、穿着浅褐色外套的旋木雀；还有䴓（shī），它穿着天蓝色的制服，胸羽为白色，嘴长得像一把匕首。

啄木鸟命令："啄！"䴓重复了一遍指令："嘟其！"山雀们纷纷应道："喊克，喊克，喊克！"于是，整支队伍便分头行动起来。

侦察员们很快占据了各树干和树枝。啄木鸟啄开树皮，用它那锋利而又坚硬、像针一样的舌头钩出树皮里面的害虫。䴓大头朝下，沿着树干转圈，把它那匕首一样细长的嘴伸到每一个有害虫的树缝里。

旋木雀沿着树干自下而上，用它那弯弯的小锥子一般的嘴啄出害虫。一大群山雀欢快地在树枝上忙碌着。它们检查每一个小洞、每一个缝隙，没有一只害虫能躲

**象声词**

象声词，又叫拟声词、摹声词、状声词，是模仿自然声音构成的词。准确使用象声词，将会使说话的生动性、形象性大大增强。此处两组象声词分别代表了啄木鸟和山雀的"语言"。

**比喻**

本句把啄木鸟的舌头比喻为针，形容啄木鸟的舌头非常尖锐。

**点评**

看得出，旋木雀工作起来非常敬业。

开它们锐利的眼睛和灵巧的嘴。

## 鸟屋·食堂·陷阱

饥寒交迫的日子即将到来，请关照一下我们可爱的鸟类朋友吧！

如果你住的房子有花园，哪怕只是一个很小的园子，那么便很容易招来鸟儿。给饥肠辘辘的它们喂点儿吃的，让它们有地方躲避严寒和风暴，给它们一块筑巢的地方。如果你想让它们当中的某一只进到你的房间里，那么，直接抓住它就好了。但这一切一切的前提是，你需要为它们准备一个鸟屋。

在鸟屋外的长廊上设置一个免费食堂，招待你的小客人们。可以喂它们吃大麻籽、大麦、黄米、面包屑、肉末、无盐的猪油、奶渣和葵花子等食物。即使你住在大城市，也一定会有招人喜欢的小鸟到你那里吃东西并住下来。

同时，还可以把鸟屋当成捕鸟的陷阱。你可以准备一根细铁丝或一根细绳，一头绑在鸟屋长廊处能开合的门上，另一端通过小窗子连进自己的屋子。需要的时候，就可以“啪”的一声把鸟屋的门关上。

还可以更别出心裁：给捕鸟陷阱通上电。

**字词释义**

饥肠辘辘：意指肚子饿得咕咕直响，形容十分饥饿。

**请思考**

有没有鸟儿光临你家的窗台？假如有，当你看到它们的时候，你的心情是什么样的？请描述一下。

**字词释义**

别出心裁：表示与众不同的新观念或办法。用来形容诗文、美术、建筑等的构思设想独具一格，与众不同。

只是，千万别在夏天捕鸟，因为抓了大鸟，幼鸟就会死掉。

爱鸟屋

## 拓展训练

我的笔记

通过本部分的学习，我们学到了很多爱护鸟类的公益知识。同学们深受启发，想在学校发起一项保护鸟类的公益行动。现在，请你针对此行动，写一封倡议书。

## 延伸思考

1. 播种仅仅是在春天才可以做的事情吗？

2. 猎人打猎常用的工具有哪些？这些工具分别针对什么类型的动物？

# No. 10

## 白雪皑皑月

（冬季第一月）

## 每一年都是一首长诗，一首由十二个章节组成的太阳诗篇

**文前小问号**

森林中已白雪皑皑了，你的家乡下雪吗？对比一下你家乡和文中的景象吧。

十二月，一切都冻结了，连流速最迅猛的河水也被结结实实的冰封住了。人们开始架冰桥、钉冰钉、铺冰路。

十二月是一年的终点，是冬季的开端。

大地和森林都盖上了雪毯，太阳被乌云遮盖。白天越来越短，夜晚越来越长。

皑皑白雪不知掩埋了多少尸体！一年生植物枯败了，它们在完成了生长、开花和结果的生命历程后，融入滋养它们生长的泥土。一年生无脊椎小动物也如期走完了

**点评**

说明温度极低，冰层很厚很坚固。

**知识锦囊**

一年生植物是植物生活型的一种，指在一年期间发芽、生长、开花然后死亡的植物。此类植物皆为草本，因此又常称为一年生草本（植物）。

它们的一生，被埋入泥土。

但是，植物留下了种子，动物产下了卵，到了约定的日期，太阳就会将这些生命唤醒，就像童话故事中英俊的王子用吻唤醒沉睡的公主一样。到那个时候，大地会孕育出新的生命。

而多年生动植物能在北方漫长的冬季继续存活，等待下一个春天。

冬季刚刚开始，12月23日的太阳诞辰日已悄然临近。

太阳还会回来。太阳回归的日子，就是万物复苏的日子。

但在这之前，先要熬过这漫长的冬天。

**点评**

一年生动植物都完成了它们的使命，寿终正寝了。

**点评**

因为这样的唤醒，虽是一年生动植物，也完成了生命的接力，实现了生生不息。

# 冬天是一本书

大地覆盖着一层平整的白雪。现在，田野和林中空地就像一本巨型书，里面有一页页光滑而又洁净的白纸。如果有谁走上去，雪上就会留下痕迹，好像是在白纸上留下了字迹："某某某来过此地。"

白天下了雪，雪停后，书页变得光滑、洁净。

第二天早晨，你过来一看，洁白的书页上又印上了许多神秘的符号，有连字符，有小句号，还有小逗点。这说明，夜间的时候，一些森林居民在这里走过、跳过，做过些事情。

谁来过这里？又做了些什么？

得尽快弄懂这些令人费解的符号，读懂这些神秘的字母；否则，再下一场雪，眼前的一切都会消失，你只能看到平滑而又整洁的白纸，就像书被人翻了页似的。

**比喻**

把落雪的大地比喻为一本巨型书，耐人寻味。

**点评**

这些神秘的符号，实指各种动物在雪地上留下的爪痕。

## 读法不尽相同

在冬天这本书里，每位森林居民都用自己的字体、自己特有的符号签下了自己的名字。人们能否靠眼睛读懂这些符号？要是不用眼睛，还能靠什么识别这些符号呢？

动物想出的办法是用鼻子来读。比如，狗能嗅出这些符号，嗅完后就会知道“这里有狼来过”或“这里刚刚跑过一只兔子”。

动物的鼻子可厉害了，从来不会出错。

## 各有各的写法

大多数动物用爪子写字，有的用五个趾头写，有的用四个趾头写，还有的动物用蹄子写。有时，动物也用尾巴、嘴和肚皮来签名。

鸟类除了用爪子和尾巴写字外，还会用翅膀来签名。

## 简单的字迹与复杂的字迹

我们的记者学会了阅读冬天这本书，能读懂书中记

**知识锦囊**

狗的嗅觉灵敏度非常高，是人类的100万倍。据说，一只受过训练的狗可以分辨出10万种以上的气味。狗的嗅觉之所以这么灵敏，是因为它们拥有超大面积的嗅黏膜。嗅黏膜是大多数哺乳动物的嗅觉器官。狗的嗅黏膜总面积是人的四倍。因此，狗的嗅觉比人要灵敏也在情理之中。

**拟人**

“写字”“签名”这样的词汇都把动物拟人化了。

载的各种森林故事。掌握这门技术并不容易。在森林中，并不是所有动物留下的痕迹都那么简单、一目了然，有些动物留下的痕迹中暗含着它们的小机关。

松鼠的足迹很容易识别和记住。它在雪地上跳跃行走，就像在玩跳背游戏一样。它用短短的前爪撑地，岔开长长的后爪，向前伸出老远。前爪留下的印迹很小，是并排的两个小圆点；而后爪印则长长的，像手指细长的小手在雪地上留下的痕迹。

老鼠的足迹非常小，也很简单，容易辨认。它从积雪下爬出来，经常会先兜个圈子，然后再径直跑向它要去的地方，或者返回洞里。这样，雪地上就会留下一行行的冒号，冒号与冒号之间的距离都一样长。

鸟类的痕迹也很容易辨认。比如喜鹊，它爪子上前面的三个趾头会在雪地上留下一个小十字，后面的一个趾头会画下一个破折号。它的翅膀像趾头一样，也会在小十字两侧留下痕迹。而它那参差不齐的长长的尾巴也会在雪地上写点儿什么。

以上说的这些动物的痕迹都很简单，没有机关，很容易就能看明白。比如：这儿有一只松鼠从树上下来，在雪地上跳了几下，然后又回到树上去了；一只老鼠从雪地里钻出来，跑了出去，兜了个圈子，又钻回了雪下；一只喜鹊飞了下来，在硬硬的雪地上跳了几下，用尾巴

**点评**

掌握这门技术的确不容易，需要长时间的森林生活体验，积累丰富的阅历，细致入微地观察，才有可能掌握。

**比较说明**

用比较的方式说明了松鼠前后爪不同的印迹特征。

**字词释义**

参（cēn）差（cī）不齐：原意是长短、高低、大小不一致，形容很不整齐或水平不一。

**举例子**

通过举例子的方式来说明有些动物的痕迹很简单，一目了然，读者理解起来方便，令人信服。

在雪地上划了一下，拍打了一下翅膀，然后飞走了。

而狼和狐狸的足迹可就复杂了！你试试看，要是没经验的话，一会儿工夫就晕头转向，理不清头绪了。

**对比**

虽然很像，但区别还是很明显的，稍微认真一点儿，就很容易辨认。

### 小狗与狐狸，大狗与狼

狐狸的足迹和小狗的足迹很像，不同之处在于：狐狸的脚掌缩成一团，几个脚趾紧紧地蜷缩在一起；而小狗的几个脚趾是张开的，所以，它的足迹显得更松散、更浅。

**点评**

狼的凶狠和狐狸的狡猾又一次得到体现，确实是两种怎么提防都不为过的动物。

狼的足迹和大狗的足迹相似，不同之处在于：狼足从两侧向里收拢，因此，狼的足印比大狗的足印更细长、匀称；狼的爪子和肉垫留下的印痕更深，前趾和后趾之间的距离更大，两个前爪在雪地上留下的痕迹常常会重合。狗的足迹上，趾垫往往连成一片，而狼则不是。

想要读懂狼的足迹甚是不易，因为狼喜欢耍花招，存心弄乱自己的足迹来迷惑人们。狐狸也是如此。

**设问句**

为了引起别人注意，以自问自答的形式，故意先提出问题，然后自己回答，就叫作设问句。本报道就以设问句开篇。设问除了能引起注意外，还能启发读者思考，也可以加强作者想表达的思想。

### 冬天的森林

严寒能冻死树木吗？

当然能。

如果整棵树都被冻透了，树心也被冻透了，那么，它就会冻死。尤其是在严寒少雪的冬天，我们这里的不少树木会被冻死，其中大多数都是小树。幸亏有一些树足够聪明，懂得如何保存体温，不让严寒侵袭到体内，不然，所有树木都会冻死。

吸收养分、茁壮成长、繁殖后代，所有这些都需要消耗大量的体能和热量。所以，整个夏天，树木都在积攒能量；而到了冬天，它们就停止吸取养分，不再生长，也不再繁殖。它们停止一切活动，进入深深的冬眠。

树叶会散发很多热量。所以，冬天的时候，树木就脱去身上的叶子，以维持自身存活所需的温度。同时，脱落的叶子落地、腐烂，反倒能散发出热量，保护娇嫩的树根，使其不被严寒冻坏。

这还远远不够！除此之外，每棵树上都有一身铠甲，以保护鲜活的身体不被冻伤。每年的整个夏天，树木都在增厚它们的木栓层。木栓层位于树皮下，是一层疏松的软木组织，是树木中已经死亡的夹层。这个夹层既不透水也不透气，只在气孔中填满了空气，以阻止热量从树木体内散发出去。树龄越长，木栓层越厚，这就是老树比小树更耐寒的原因。

仅有软木铠甲是不够的。如果酷寒穿透了铠甲，那么，树干中还有一道牢固的化学防线。临近冬天时，树

读书笔记

点评

真没想到，冬天树叶全部掉落，竟然有这样重要的作用——保全生命。

请思考

你有留意过木栓层吗？如果没有，请去往离你家最近的绿化带，仔细观察。

**点评**

含有盐类和糖分的树汁是树木的第二层防护。

**请思考**

为什么皑皑白雪能帮助树木取暖呢？

木会在树汁里储存各种盐类和已经转化为糖分的淀粉。含有盐类和糖分的树汁具有很好的抗寒能力。

不过，由松软的雪做成的被子是抵御严寒最好的装备。众所周知，细心的园丁常常故意把怕冷的小果树弯向地面，再用积雪盖在它身上，这样，小树会更暖和些。在多雪的冬天，皑皑白雪就像温暖的羽绒被子一样包裹着树木，这时候，它们就不惧怕任何寒冷了。

不用怕！无论什么样的严寒都杀不死我们北方的林木。

英勇的波瓦王子（民间传说故事中的主人公）可以抵御一切狂风及暴雪。

# 森林里的故事

## 爆炸的雪和得救的狍子

雪地上留下的一些脚印，如难解的谜，困扰了我们的记者很久。

刚开始是一串有规律的、又小又窄的蹄子印。不难看出，有一只狍子在森林中走过，它还没有察觉到即将到来的危险。

突然，在狍子脚印旁，出现了一串长有利爪的大脚印，狍子的足迹也呈现跳跃状态。

这很容易明白：密林中的一匹狼发现了狍子，扑了过去，于是，狍子开始飞奔逃窜。

接着，狼的脚印离狍子的脚印越来越近，马上就要追上狍子了。

在一棵倒下的大树旁，这两种脚印完全混在了一起。

点评

因为没有意识到危险，所以，狍子可以在雪地上淡定地走，留下有规律的足印。

点评

狼的出现，打破了狍子平静的生活。从这时候开始，它们之间展开了激战。

看样子，狍子刚刚跳过粗大的树干，狼也赶到并紧随其后跳了过去。树干那边是一个深坑，坑里的雪被弄得七零八落，仿佛雪下爆了一枚大炸弹。

**点评**

通过"战场"情况判断，这里应该发生过一场特别激烈的搏斗。

之后，狍子和狼的足迹就奔向了不同的方向，而中间不知怎么又冒出一些巨大的脚印。这些脚印非常像人的，只是上面多了些弯曲而又吓人的爪痕。

这枚雪下的炸弹是怎样回事？这新出现的令人惊悚的脚印又是谁的？为什么狍子和狼奔向了不同的方向？这里到底发生了什么？

**字词释义**

惊悚（sǒng）：惊慌恐惧。

我们的记者被这些问题困扰了很久。最后，他们终于弄明白了这些巨大的脚印是谁留下的，由此，一切谜团也都解开了。

原来，狍子靠着飞快的脚力，轻而易举地跳过了横在地上的树干，飞奔而去。狼也紧随着狍子跳了起来，但没能跳过去，因为它太重了。结果，它"扑通"一声，从树干上掉到了下面的坑里，四条腿都踩进了熊窝里。原来，树干下面刚好是一个熊窝。

**点评**

这种先提出疑问，再解答、揭秘的叙事方式，极大地调动了读者的阅读积极性，非常值得我们学习。

睡得迷迷糊糊的熊被吓了一跳，一下子跳了起来。它这一跳，四周的雪啊、冰啊、树枝啊都四散飞起，就好像炸弹爆炸了一样。接着，它就跑进了森林（熊可能以为猎人在袭击它）。掉进坑里的狼一见熊这个庞然大物，便只顾着自己逃命，早就把狍子忘到脑后了。而狍子也早已不见了踪影。

# 农庄纪事

在严寒的冬季，树木都沉沉睡去，它们体内的树汁都凝固了。森林里，锯木声“吱嘎”响个不停，伐木工作会持续整个冬天。冬天砍伐的木材品质最好，既干燥又结实。

锯下来的木头被运到大大小小的河边，到春天的时候，它们就会从河上被运往各地。为此，人们像制作溜冰场那样往雪地上浇水，专门修建了一些通向河边的宽大的冰路。

此时，农庄庄员们正在选种子，检查幼苗的长势，为春天做着准备。

现在，一群群灰山鹑住在打谷场附近，并常常飞到农庄里。对它们而言，在厚厚的积雪下找到食物简直难如登天。就算拨开了积雪，它们那柔嫩的爪子也无法敲开雪下厚厚的冰层。

**请思考**

为什么要运到河边？为什么要等到春天时候才被运往各地？

**夸张**

夸张，是为了达到某种表达效果的需要，对事物的形象、特征、作用、程度等方面着意夸大或缩小的修辞方式。这里把灰山鹑在积雪下觅食夸大为难如登天，就是用了夸张修辞手法。

**字词释义**

易如反掌：指像翻一下手掌那样容易，比喻事情很简单，非常容易完成。

**点评**

如此一来，那些聪明又贴心的猎人也算是善有善报。

冬天，捕捉这些灰山鹑简直易如反掌，但这么做是违法的：法律禁止在冬季时节猎杀毫无抵抗力的灰山鹑。

一些聪明而又贴心的猎人会喂养这些灰山鹑。它们给这些鸟儿设立一些户外“食堂”：用云杉树枝搭个小棚子，里面撒上一些燕麦和大麦。

这样一来，即使在最严酷的冬天，漂亮的灰山鹑也不会饿死。等到来年夏天，每一对灰山鹑都能孵出二十只甚至更多的小灰山鹑。

# 城市新闻

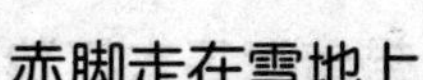

## 赤脚走在雪地上

在阳光明媚的日子里，当温度计里的水银柱升到0℃时，花园里、林荫路上和小公园里的积雪下，就会爬出很多没长翅膀的小苍蝇。

它们一整天都在雪地上游逛，晚上，又会回到冰雪缝隙中去。

在那里，它们藏在落叶下和苔藓里，那是温暖而又隐蔽的地方。

它们不会在雪地上留下任何痕迹，因为它们太轻、太小了。只有用超大倍数的放大镜才能看清这些游手好闲的小苍蝇：它们有长长的、前突的脸，一只直接从额头处长出来的、奇怪的角以及纤细的赤足。

**知识锦囊**

苍蝇在冬天不一定会被冻死。一旦苍蝇意识到温度降低的危险，它们会启动自保机制。室外蝇往往要向室内转移，常聚集在向阳处。只要气温一回升，它们又会活跃起来，到处寻觅食物。

**外貌描写**

细致入微地描写了小小的苍蝇样貌，生动有趣。

# 打猎记

## 带着旗子去打狼

点评

这几匹狼在农庄里危害一方，已经严重危及庄民的财产安全。

农庄附近出现了几匹狼，一会儿掳走一只小绵羊，一会儿又掳走一只山羊。庄里没有猎人，村民们只能向城里求助："大家帮帮忙吧！"

当天晚上，一队士兵猎手从城里过来了。他们还专门用雪橇拉来两个巨大的线轴。线轴上缠着高高的、像驼峰一样隆起的绳子，绳子上绑着很多红布做成的小旗子，每半米一个。

## 解读"雪迹"

士兵猎手们先是询问村民们，狼从哪个方向而来；

然后，就去查看狼的足迹。拉着线轴的雪橇跟在后面随行。

狼的足迹呈一条线，从农庄开始，经过农田，进了森林。看起来像是一匹狼的足迹，但有经验的猎手仔细看过后，确定这是一窝狼走过的痕迹。

进了森林后，这一行足迹便成了五行足迹。猎手查看后说，走在最前面的是一匹母狼。脚印窄，步伐小，足尖留下的痕迹是斜的……根据这些特征可以断定，这是一匹母狼。

猎手们分为两组，乘着雪橇，绕森林察看了一圈。

没有狼的足迹从森林里出来。这意味着，这窝狼就藏在这片森林里，应该尽快进行围猎。

**点评**

通过猎人对狼足迹的分析，我们可以感受到，准确的判断力是建立在细致入微的观察工作之上的，所以，我们在平日里要养成爱观察的好习惯，注意培养自己的观察力。

## 包　围

每一队猎手都带着一个线轴，他们悄悄地行进，旋转线轴，放出绳子，后面的人再把绳子绑在灌木丛上、大树上和树墩上。这样，就能让小旗子在离地面大约二十厘米的高度随风飘扬。两队猎手用绳子围住整片森林，然后，在农庄附近会合。

猎手们嘱咐村民，天亮就要起床，然后就去睡觉了。

**请思考**

在围猎行动中，小旗子的作用是什么呢？请带着这个问题继续阅读。

**字词释义**

嘱咐：告诉对方记住应该怎样，不应该怎样。

## 夜 里

这是个寒冷的月夜。

母狼醒了，站起身来，公狼也随之起身，三四今年刚出生的小狼也起来了。

四周都是密林，浓密的云杉林。天上挂着一轮圆月，像失去了生命的太阳。

狼的肚子"咕咕"直叫，真难受啊！

母狼仰起头，冲着月亮嗥（háo）叫起来。随后，公狼也声音低沉地叫了起来。而三只小狼也跟着尖声尖气地叫着。

声音传到村里，吓坏了牲畜，它们纷纷叫了起来。

这窝狼打算出去觅食。母狼走在最前头，之后是三只小狼，最后是公狼。

突然，母狼恶狠狠的双眼泛出警觉的光芒。它那灵敏的鼻子闻到了小红旗散发出的刺鼻气味，并注意到前方森林边缘的灌木丛上挂着一些黑漆漆的布。

母狼上了年纪，见多识广，但还是头一回碰见这样的事儿。它知道，那里有布，就说明那里有人。谁知道呢，可能人就藏在田野里监视着它们呢。

得往回走。

母狼掉转头，连蹦带跑地逃回了密林，身后跟着公

**环境描写**

描写了冬夜里密林里的萧瑟景象，烘托出狼一家饥寒交迫的艰苦境遇。

**知识锦囊**

狼素以坚韧、团结、纪律性强而著称。实际上，狼的单体作战能力并不强，但严格的纪律、高效的分工模式让狼群保持着强大的战斗力。

**点评**

说明在这个狼家庭群体中，母狼是头狼，是首领。

狼和三只小狼。

它们迈着大步穿过整片森林，来到林子的另一头，但又停下了。

这里也有布！那些布挂在那里，就像一条条伸出的舌头。

狼慌了，急得像热锅上的蚂蚁。它们在森林里东跑西窜，一会儿这里，一会儿那里；但无论跑到哪里，到处都有布，根本没有出路。

母狼感到情形不妙，急忙跑回密林躲起来。公狼也躲了起来，三只小狼也跟着躲了起来。

无法走出这个包围圈，还是饿着肚子吧，谁知道这些人类打的是什么鬼主意。

肚子饿得“咕咕”直叫。天气寒冷难耐。

**点评**

说明狼一家也陷入了困境。

## 次日清晨

第二天，天刚蒙蒙亮，从农庄里走出两支队伍。

一支队伍人数少，所有人都穿着白色长袍。他们绕过森林，悄悄把那里的小旗子摘了下来，然后排成一排，隐身于灌木丛后。这是带着猎枪的猎手。他们身穿白色长袍，是因为只有白色才是冬季密林中最不显眼的颜色。

**读书笔记**

另一支队伍人数多，由手拿棍棒的村民组成。他们在田野里蓄势待发。然后，随着队长一声令下，村民们吵吵嚷嚷进了森林。他们一边走，一边高声吆喝，互相呼应，并不时地用手里的棍棒敲击树干。

> 点评
> 这两支队伍完全是两种不同的行事风格：一支安静隐匿，另一支喧闹暴力。当然，这一切都是为了成功捕狼。

## 围追堵截

几匹狼正在密林里打盹儿，突然听到从农庄方向传来嘈杂的人声。

母狼赶忙起身逃命，向林子侧面跑去。公狼和三只小狼紧随其后。

它们脖子上的毛竖了起来，尾巴夹着，耳朵向后挺，两眼冒光。

> 行为描写
> 这些行为表现了狼群逃命时的狼狈与慌张，它们处于应激状态。

跑到林边，它们看见了红色的布，于是，再向回跑。

嘈杂声越来越近，听得出，来了很多人，棍棒敲击树木的声音震耳欲聋。

得躲开这些人，向他们相反的方向跑。

跑到林边，这里没有红布。

前进！

于是，这窝狼径直向猎手们藏身的地方奔去。

> 点评
> 狼认为的“出口”恰恰是猎人们专为它们设置的陷阱。

灌木丛后传来射击声，一阵阵火光随之喷出。公狼先是高高地飞向空中，然后，重重地摔到了地上。小狼

尖声哀号着在原地打转。

除了母狼，没有一匹狼能逃过士兵们精准的枪法。母狼不知去向，它怎么逃走的，谁也没看见。

从此，农庄里再也没有牲畜凭空失踪了。

**点评**

那只母狼作为头狼，单体作战能力的确强大，完全胜任头狼的职务。

## 来自全国各地的报道

### 请注意！请注意！

**知识锦囊**

冬至是二十四节气之第22个节气。在北半球，冬至这天，太阳虽低，白昼虽短；但气温并不是最低。实际上，由于地表尚有“积热”，冬至之前通常不会很冷，真正的严寒在冬至之后。

这里是列宁格勒《森林报》编辑部。

今天是12月22日，冬至日。我们进行今年最后一次来自全国各地的无线电播报。

呼叫冻土带和草原！呼叫密林和沙漠！呼叫高山和海洋！

请你们都来讲一讲，在这最严寒的时节，在这个一年里白昼时间最短而黑夜时间最长的一天，你们那里都是什么情况。

## 注意收听！注意收听！这里是遥远的北冰洋诸岛

我们正在经历一个最漫长的黑夜，太阳离开我们，沉入了大海，直到来年春天，才会再次升起。

海洋被冰层覆盖，各岛屿上的冻土带也都覆盖着冰雪。

谁会留在这里过冬？

海豹住在海洋冰层下。在冰还很薄时，它们就给自己造了一个个透气孔，并一直竭力不让这些透气孔冻上。一旦透气孔结冰，它们就用头撞开。通过这些透气孔，海豹们能呼吸到新鲜空气，还可以爬到冰面上，在上面休息或睡觉。

一头白色的北极公熊在悄悄靠近它们。北极公熊和母熊不同，它们不冬眠，不会钻到冰冷的洞里度过整个冬天。

积雪下的冻土地上住着许多尾巴短短的兔尾鼠，它们在积雪下挖了很多通道，啃食埋在雪下的小草；而雪白的北极狐在用鼻子搜寻这些兔尾鼠，想伺机挖出它们。

雪鸟也是北极狐的猎物。当雪鸟钻进雪里睡觉时，嗅觉敏锐的北极狐会悄悄地靠近，毫不费力地抓住它们。

冬天，除了上面说到的几种，我们这里再没有其他

读书笔记

点评

海豹很有远见啊，它们把防寒工作提前做到位。

点评

食物链并没有因天气严寒而中断，一直存在着，所以，动物们无时无刻不生活在危险当中，要小心身边潜伏的敌人。

鸟类和动物了。冬天来临前，北极鹿也离开岛屿，沿着冰路迁到了原始森林里。

当没有太阳，只有夜晚和无尽的黑暗时，我们是怎样看见东西的呢？

这里即使没有太阳，周围也很亮。这是因为，第一，月光皎洁；第二，常有闪烁着光芒的北极光。

梦幻般的北极光不停变换着各种颜色，时而像一条宽宽的跳跃的带子，在北极方向的天空中铺散开来，时而像一条倾泻而下的瀑布，时而又像很多根柱子或很多柄宝剑一样耸立在那里。在极光的照耀下，地面上洁白无瑕的雪反射出耀眼的光芒，周围变得十分明亮，如同白昼。

> **博喻**
> 博喻，就是用几个喻体从不同角度反复设喻去说明一个本体。博喻能将事物的特征从不同角度表现出来，这是其他类型的比喻所无法达到的。运用博喻能加强语意，增添气势。比如这里把北极光比喻成带子、瀑布、宝剑，就是博喻。

严寒？的确，寒冷至极，而且，还刮大风。这里的暴风雪很猛烈，这不，把我们的房子都埋上了，我们已经连续一周没法出门了。

> **点评**
> 极寒天气的确给人们的生活带来很多不便。

但是，什么都吓不倒我们苏维埃人。每年，我们都越来越深入地探寻北冰洋，而我们勇敢的苏维埃极地科考人员早就在研究北极了。

> **点评**
> 坚强的苏维埃人不畏严寒，并且在与严寒的对抗中积累了宝贵的研究、改造、征服自然的经验。

## 这里是顿涅茨克草原

我们这里也下雪，但没关系，这里的冬天并不漫长，也不寒冷，甚至有的河流都不结冰。

野鸭从湖上飞来这里，便不想再向南迁徙了。从北方飞来的白嘴鸭流连于村镇和城市里。在这里，它们有充足的食物。它们将一直住到明年三月中旬再返回故乡。

在我们这里过冬的还有来自遥远冻土带的客人，有雪鹀（wú）、角百灵和大个头的极地雪鸮（xiāo）。雪鸮白天出来觅食。不这样的话，它在夏天的冻土带是无法生存的，因为那时的冻土带几乎都是白昼。

冬天，空旷的草原被白雪覆盖，人们没法干活；但地下的工作进行得如火如荼。在深深的矿井里，我们用机器挖煤，靠电力把煤运到地面上，再装满一列列火车，把它们运到全国各地，送到大大小小的工厂里。

**字词释义**

如火如荼(tú)：像火那样红，像荼（茅草的白花）一样白。原比喻军容之盛，现在形容旺盛、热烈或激烈。

## 这里是新西伯利亚原始森林

原始森林里的雪越来越深，猎人们套上滑雪板，拉着装载储备品的轻便雪橇，成群结队地进入森林。猎狗跑在他们前面，它们的耳朵尖尖地向上竖起，尾巴蓬松而卷曲。这是莱卡猎狗。

森林里有各种各样的动物，有淡蓝色的松鼠、珍贵的黑貂、毛茸茸的猞猁，有雪兔、大个头的麋鹿、棕黄色的黄鼠狼。黄鼠狼的毛可用来制作最上等的画笔。还有白鼬。过去，人们用白鼬皮为沙皇缝制皇袍，现在用

**知识锦囊**

用黄鼠狼的尾毛做成的毛笔叫狼毫。非常珍贵。其特点是润滑而富有弹性，宜书宜画，以画为主。

它缝制小孩的帽子。此外，还有火红的赤狐、黑褐色的狐狸以及美味的榛鸡和松鸡。

熊早就在隐蔽的熊窝里睡着了。

> 点评
> 猎人们在冬天里的狩猎生活是很艰苦的，但猎物带来的获得感让他们感觉到很幸福。

猎人们一连几个月待在森林里，晚上，就睡在矮小的森林木屋里。他们利用白天有限的时间设置陷阱，捕捉各种飞禽走兽。此时，他们的莱卡狗就在森林里四处搜寻，这儿闻闻，那儿看看，把松鸡、松鼠、黄鼠狼、麋鹿或正在做美梦的熊惊动起来。

打猎结束后，猎人们成群结队返回家中，雪橇里满载猎物。

## 这里是卡拉库姆沙漠

> 点评
> 说明春、夏天的时候，这里的沙漠上有植物，一是能固化沙土，二是视觉上看起来绿意盎然。

春、秋天的时候，我们这里还算不上沙漠，因为到处都生机勃勃的。

而夏天和冬天，这里却死气沉沉，用酷暑和严寒来形容这两个季节的沙漠一点儿都不为过。此时，各种飞禽走兽都找不到什么食物，便离开了这个可怕的地方。

在无边无际、被冰雪覆盖的沙漠上空，升起了徒有光芒四射外表的太阳。这荒芜的雪原上没有生命，也没人为这明媚的天气欢呼雀跃。在太阳的照射下，积雪消融，而露出来的依然是死气沉沉的沙漠。乌龟、蜥蜴、

蛇和昆虫，甚至恒温动物老鼠、黄鼠和跳鼠都钻进深深的沙子里冬眠了。

猛烈的寒风在沙漠上肆无忌惮地刮着，无人能阻止它的撒野。冬天，它就是沙漠的主人。

不过，沙漠不会一直这个样子。人们正在改造沙漠，开渠造林。今后，即使到了夏、冬两季，沙漠也会充满生机。

**字词释义**

肆（sì）无忌惮（dàn）：指恣意妄行，毫无顾忌。

## 注意收听！注意收听！
## 这里是高加索山脉

在我们这里，夏季伴有冬季，而冬季又与夏季相随。

我们这里有终年积雪的高山，如卡兹别克山和厄尔布鲁士山。这些山峰高耸入云，即使夏天阳光炽热，那上面的冰雪也无法消融。同样，冬天的严寒也无法侵袭这里百花盛开的沟谷和海岸地区，因为高加索山就是它们最好的保护墙。

**请思考**

这是为什么呢？有几个因素造成了这一现象？

冬天仅能迫使岩羚羊、野山羊和绵羊离开山顶，却无法继续向下驱赶它们。山上开始降雪，而山下的谷地里则降下雨水。

我们刚刚在果园里采摘了橘子、橙子和柠檬，把它们上交给了国家。花园里还盛开着玫瑰，蜜蜂“嗡嗡”

点评

居住在四季都鲜花盛开、食物充裕的地方，真是一种幸运。

地四处飞舞。在阳面山坡上，第一批早春花已经开放，有白色带绿芯的雪花莲，还有黄色的蒲公英。我们这里一年四季都有鲜花盛开，母鸡一年四季都下蛋。冬天，天气变冷，食物减少；但飞禽走兽也不必远离它们夏天的居所，只需从山上下到半山腰或下到山下、谷底，就能得以温饱。

我们的高加索山收留了多少飞禽啊！它们都是从严寒的北方逃过来寻求温饱的难民。

来到这里的有苍头燕雀、椋鸟、百灵鸟、野鸭，还有长嘴丘鹬。

今天是冬季的转折点，是白昼时间最短、夜晚时间最长的一天。

在我国的一个尽头——北冰洋地区，由于暴风雪和寒冷，人们无法走出家门；而在祖国的另一个尽头，人们出门不用穿大衣，即使穿得很轻薄，也不会觉得冷。

环境描写

写出了当地冬日的美好夜晚，透露出浪漫的情怀，令人艳羡。拍着打着浪花的大海渲染了宁静、安详的氛围。

我们欣赏着高耸入云的群山以及群山之上明亮夜空中那轮弯弯的月亮。在我们脚下，静静的海浪在温柔地拍打着海岸。

## 这里是黑海

今天，黑海的海浪轻轻拍打着海岸。在温柔海浪的

拍打下，岸上沉睡的鹅卵石发出低沉的梦中呓语。黑漆漆的海面上，映出一轮弯弯的月亮。

这里的暴风季节已经过去。暴风袭来时，海水汹涌翻滚，海面白浪滔天。巨浪拍打着岩石，发出轰隆隆的巨响，海水咆哮着冲到岸上很远的地方。那都是秋天才有的场面。

冬天，我们这里很少刮大风，并没有真正意义上的冬天。每到冬季，黑海海水只是微微变凉，只在北海岸才有短暂的结冰期，而且只结一层薄薄的冰。海水全年都在流动，快乐的海豚在海水里肆意玩耍，黑色的鸬鹚在海里钻来钻去，海面上方有白色的海鸥在展翅翱翔。海面上整年都可看到漂亮的蒸汽船和大轮船，还有在海面上飞驰的摩托艇，也有行驶在水面的轻便的帆船。

飞来这里过冬的有潜鸟和各种潜鸭，还有肥肥的淡粉色的鹈（tí）鹕（hú），它的嘴下方长着一个装鱼的大肉袋。在我们黑海海域，冬天和夏天一样热闹。

## 这里是列宁格勒《森林报》编辑部

正如你们所见，我们国家各地的春、夏、秋、冬各有不同，各具特色；但它们都在我们的土地上，都属于我们伟大的祖国。

**字词释义**

呓（yì）语：一指梦话；二比喻荒谬糊涂的话。

**点评**

热闹的根本原因还是在于气候，和其他地区比起来相对温暖，生物丰富，自然是一派欢腾，充满活力。

点评

这对我们也是一种善意美好的提醒，无论何时何地，我们在享受生活的同时，也不能忘记感恩、奋斗、创造。这是我们的使命。

你可以选择一个最喜欢的地方，但不论去哪里，不论在哪里居住，等待你的都将是一番美景，都将赋予你新的使命，那就是研究、探索新的土地，开发那里的宝贵财富，开创美好的新生活。

到此为止，第四次即全年最后一次全国无线电播报结束了。

再会！再会！

明年再见！

我的笔记

## 拓展训练

1. 本部分把冬天形容为“一本书”，请写一组排比句，来描述你心目中的冬天。

2. 梦幻的北极光是冬季北冰洋诸岛靓丽的风景，请发挥你的写作能力，描述北极光之美。

## 延伸思考

1. 找出几种你最为熟悉的猛兽，思考它们的天敌分别是什么。

2. 关于植物的御寒方式，本部分报道并没有写全，请思考你身边的植物保暖方式还有哪些（人工也可）。

# No. 11

## 忍饥挨饿月

（冬季第二月）

## 每一年都是一首长诗，一首由十二个章节组成的太阳诗篇

**？文前小问号**

像蚊子和苍蝇这样的物种在严寒的冬天会被冻死或者饿死吗?

按照民间的说法，一月是由冬向春的转折点，是一年的开始。此时，冬季已过完一半。一月份，日照时间开始逐渐增多，而天气却越来越寒冷。从新年开始，白昼一点点变长。

> **点评** 很多民间说法都是古老生活智慧的结晶，值得我们深思、借鉴。

大地、水面和森林都被冰雪覆盖，周围一切都陷入沉睡，好像死了一般。

在这艰难时节，一切生命都伪装成死亡状态。草木都停止了生长；但只是停止生长，并没有死亡。

> **点评** 换一个角度，也可以说是在储备、孕育新生。

在死气沉沉的积雪下，这些植物都蕴藏着强大的生

**知识锦囊**

熊在冬天是假冬眠状态，体温和心率略微下降，也可以做到多天内不吃、不喝、不排泄废物，但它们会随时醒来。它们在冬季来临前会拼命囤积脂肪，然后将消耗脂肪产生的代谢废物重新利用。我们知道，脂肪的代谢会产生尿素，冬眠的熊可以将尿素分解，然后把产生的氮重新转化为蛋白质。

命力，积蓄着生长和开花的力量。松树和云杉的种子保存得很好，都紧紧地包裹在拳头一样的球果里。

冷血动物都藏了起来，它们的血凝固了，但并没有死。甚至连脆弱的螟蛾科昆虫也都纷纷藏进了各自的避难所。

鸟类是典型的热血动物，它们从不冬眠。很多动物，甚至是小小的鼠类，整个冬天都在跑来跑去。

母熊住在被厚厚积雪掩埋的熊洞里，竟然在一月的严寒里产下一窝小熊崽，它们还看不见东西。母熊虽然整个冬天不吃不喝，但依然能用奶水喂养自己的孩子，直至来年春天。真是奇事一桩啊！

# 森林里的故事

## 森林里太冷啦！

刺骨的寒风在空荡荡的田野上呼啸，在森林里游走。它从光秃秃的白桦树和山杨树间“嗖嗖”穿过，钻入鸟类僵硬的翅膀下面，穿透动物厚实的皮毛，冻冷它们的血液。

到处都被白雪覆盖，动物们无法待在地面和树枝上，爪子会被冻坏。为了保持体温，必须奔跑、跳跃和飞行。

如果谁有温暖又舒适的巢穴，还有储备好的充足食物，那就太幸福啦。它就可以在吃饱喝足后，身子蜷作一团美美睡去。

**拟人**

把寒风拟人化，让它有意识地钻入鸟翅膀下面，穿透动物的皮毛，冻冷它们的血液。让读者感觉风这是在有意为之，在使坏。

**点评**

因为运动可以加速血液循环，保持体温。

## 饱腹不惧寒

上到飞禽，下到走兽，都在为填饱肚子而四处奔忙。一顿饱饭足能使体内产生热量，让血液变暖，使全身各处都暖意融融。皮下脂肪是鸟兽毛皮大衣的最好衬里。寒冷可以穿透羽毛和皮毛，却无法穿透皮下脂肪。

> **点评** 冬季里，寒冷地区的人们会多吃高热量的食物，主张饮食进补，也是这个道理，为了获得脂肪，提高机体的御寒能力。

如果食物充足，冬天并不可怕。可上哪儿去找食物呢？

狼和狐狸在森林里四处游荡。森林里空荡荡的，各种飞禽走兽要么飞去别的地方过冬，要么躲藏了起来。白天，有乌鸦在空中飞；夜晚，有雕。它们都在寻找食物，但都没有找到。

森林里没有吃的。真饿啊！

> **点评** 饥寒交迫的境况，对于生灵们的确是天大的考验，它们正面临着灭顶之灾。

巴甫洛娃

## 木屋里的大山雀

在这个饥饿难耐的月份里，森林里的飞禽走兽越来越靠近人类的住处。那里更容易找到食物，可以吃点儿人类的残渣剩饭。

饥饿打败了恐惧，这些小心谨慎的森林“居民”不再惧怕人类。

点评
为了找到食物保命，飞禽走兽不惜铤而走险。

黑琴鸡和山鹑潜入打谷场和粮仓，欧兔溜进菜园子，白鼬和伶鼬在地下室里捕食老鼠，雪兔也跑到村边的干草垛旁啃食干草。

我们的记者住在一间森林小屋里。一天，一只大胆的大山雀从开着的窗户飞进了屋里。它周身黄色，腮毛白色，胸前有黑色的条纹。它毫不理会屋里的人，急促地啄食着餐桌上的食物残渣。

点评
这只大山雀一定是饿急了。

屋主人把门关上，俘虏了这只大山雀。

大山雀在木屋里度过整整一个星期，主人既没有惊扰它，也没有给它喂食，但它明显一天比一天胖。

这只大山雀一天到晚在木屋里四处觅食。它捕食蟋蟀和藏在缝隙里的苍蝇，啄食餐桌上的食物残渣。晚上，它钻到俄式火炉后面的缝隙里过夜。

过了几天，它把所有的苍蝇和蟑螂都吃光了，便开始吃粮食，啄书本、小盒子、软木塞等，见到什么就啄什么。

这时，木屋主人只好把门打开，把它赶了出去。

点评
或许这也是大山雀耍的把戏，它故意通过破坏行为迫使人们把它放走。

## 老鼠走出森林

现在，森林中老鼠的粮食储备大多已经不足。许多老鼠为了躲避白鼬、伶鼬、黄鼠狼和其他猛兽的追捕，都逃出了自己的洞穴。

而此刻的大地和森林都被积雪覆盖，它们找不到吃的。于是，整支饥饿的老鼠大军跑出了森林。人们的粮仓正面临着风险，要提高警惕！

伶鼬跟在成群的老鼠后面，但它们的数量太少了，不足以捕杀和消灭掉所有的老鼠。

保护好粮食，提防啮齿动物！

**点评**

当所有生灵都面临严重饥饿威胁时，它们彼此的杀戮和侵害也越发残酷无情。这一自然规律值得我们深思。

# 城市新闻

## 学校里的森林角

无论你去哪所学校，都会看到那里有一个生物角。在生物角的小箱子、罐子和笼子里住着各种各样的小动物，这些都是同学们在夏天游玩时捕捉的。现在，他们忙得不可开交：得让这些小客人吃好喝好，给它们安置合适的住所，还要看好每一个小家伙，谨防它们溜走。在这个生物角里，有鸟、兽、蛇、青蛙以及各种各样的昆虫。

**点评**
有的小朋友家里也有生物角呢。

我们在一所学校读到一本同学们夏天记的日记，看得出来，他们收集东西时都各有目的，不是随随便便收集的。

**点评**
表现出孩子们对生物角的浓厚兴趣及认真的态度。

六月七号，值日生在日记本上写道："我们张贴了一条标语，让大家把收集品都交给值日生。"

点评

看来，大多数同学对于学校的生物角都很热爱，积极参加。

六月十号，值日生写道：“图拉斯带来一只天牛，米罗诺夫带来一只甲虫，卡弗里洛夫带来一条蚯蚓，亚卡弗列夫带来一只瓢虫和落在荨麻上的一只小甲虫，伯尔肖夫带来一只落在栅栏上的雏鸟。”

每天的日记里几乎都有类似的记载．

“六月二十五号，我们去池塘边玩，捉了很多蜻蜓及其他昆虫的幼虫，还捉了一只我们正需要的蝾螈。”

请思考

青蛙是我们特别熟悉的动物，但你了解它的习性和样貌吗？你有认真地观察记录过吗？以后你会怎么做？

“我们收集了水蝎、水蝽和青蛙。青蛙有四条腿，每只脚上有四个趾头。它长着大大的耳朵，眼睛是黑色的，鼻子上有两个小孔。青蛙给人们带来很多益处。”

冬天，同学们凑钱在商店里买了很多我们州根本没有的小动物，比如乌龟、羽毛鲜艳的鸟、金鱼和豚鼠。只要一走进屋子，就能听见角落里发出的吱吱声、鸣叫声和哼哼声。这些小客人有的毛茸茸，有的光秃秃，还有的长着羽毛。简直像一个动物园。

同学们还想出了交换藏品的主意。夏天，一所学校的学生捕到很多鲫鱼，而另一个学校则养了很多家兔，多得没地方放。于是，两个学校的同学们进行了交换：四条鲫鱼换一只家兔。

点评

你们学校有这样的自然科学研究小组吗？如果你感兴趣，也可以自发地组织一个业余活动小组。

年纪大一点儿的孩子有自己的组织。几乎每个学校里都有青少年自然科学研究小组。

在列宁格勒少年宫里，也有一个这样的活动小组，

聚集着来自各个学校最优秀的青少年自然科学研究者。在那里，这些小科学家学习如何观察和捕捉各种动物，如何饲养它们，如何收集动物藏品和制作植物标本。

从学年开始到结束，小组成员要跑遍郊外各个地方。夏天，他们全体成员到距离列宁格勒很远的地方去考察。在那里，他们会住上整整一个月，每个人都有自己的任务。比如，植物学研究者负责收集植物；哺乳动物学研究者负责捕捉老鼠、刺猬、地鼠、兔子和其他小动物；鸟类学研究者负责寻找鸟巢，观察鸟类；爬虫类研究者负责捕捉青蛙、蛇、蜥蜴和蝾螈；鱼类研究者负责捕鱼；水生物研究者负责捕捉各种水生动物；昆虫研究者负责收集蝴蝶、甲虫，研究蜜蜂、黄蜂和蚂蚁的生活。

> **点评**
> 组织结构和分工明确，各司其职，社团才能正常运转。假如你有意参加这样的活动小组，也要注意这一点。

少年米丘林工作者在学校的试验田上开辟果树和乔木苗圃，他们管理的园子虽然不大，但都喜获丰收。

在这个过程中，所有人都记日记，把自己的观察和工作记录下来。

不论是下雨、刮风、寒露、酷暑及其他自然现象，还是田野里、牧场上、河流、湖泊以及森林里的各种生命形式，抑或是农庄庄员们的田间劳作，小科学家们都进行了细致观察。他们在研究我国规模宏大且种类丰富的生物宝藏。

> **点评**
> 前面我们提到观察力的重要性，这里就得到了印证。所以，接近自然，观察自然，就是提高观察力最好的途径。

现在，我国新一代未来的学者、研究者、猎手、动物足迹专家和大自然的改造者正在成长起来，这是前所未有的一代。

请思考

你是这样的一代吗？“少年强则国强。”你怎样理解这句话？从行为上又将如何调整？

## 免费食堂

鸣禽正遭受着寒冷和饥饿的折磨。

善良的市民在果园和自家的窗户上给这些鸟儿设立了免费食堂。一些人把一小块面包和油脂拴在细绳子上，挂到窗外；一些人则在花园里放了一个小篮子，里面装着谷粒和面包。

大山雀、褐头山雀、青山雀，有时还有黄雀、朱顶雀以及其他一些在这里过冬的鸟儿，都会成群结队地光顾这些免费食堂。

点评

多么和谐友爱的场面啊，人与自然和谐共生，美美与共。

我的笔记

你有没有仔细观察和记录过植物或动物的生长？假如让你从现在开始和动物或植物交朋友，你会选择哪一种或几种？为什么？

# No. 12

## 忍冬盼春月

（冬季第三月）

# 每一年都是一首长诗，一首由十二个章节组成的太阳诗篇

**?文前小问号**

人们为什么期盼春天？你最期盼春天的什么？文中的动物为什么在这一月最难熬？

二月，冬天已接近尾声。

临近二月，暴风雪开始肆意飞舞，它们在雪地上尽情奔跑，却不留下丝毫痕迹。

二月是冬季的最后一个月，也是最难熬的一个月。狼在这个月开始配对。

二月是动物们最饥饿的月份。由于饥饿难耐，狼群常常偷袭农庄和小城镇，它们拖走家狗和山羊，几乎每晚都会潜入羊圈。所有动物都变得消瘦，秋季积攒的脂肪已无法再给它们提供温度和养分。

**点评**

从多个角度来介绍二月的特点，以便读者对当地的二月有个全面的认知。

**点评**

说明大家都快“弹尽粮绝”了。春天再不到来，很多动物都要饿死了。

小动物们在洞里和仓库里贮存的食物也所剩无几。

皑皑白雪曾经是动物们的朋友，为它们阻挡严寒，保持身体温度；而此刻，对于大多数动物而言，雪已经成了它们最致命的敌人。被积雪覆盖的树枝也因不堪重负而弯折。不过，这厚厚的积雪让山鹑、榛鸡和黑琴鸡等各类野禽无比开心：它们一头扎进雪里，就可以舒舒服服地过夜了。

但是，如果白天积雪融化，而夜晚又突然变冷，那可就糟糕了，因为雪地上会结一层冰壳。到那时，如果阳光没能晒化冰壳，就只能用头去撞啦！

点评　把环境描绘得越惨痛，越能映衬出大家盼春的心情有多么迫切、浓烈。

二月，暴风雪吹啊吹，把通雪橇的道路都给掩埋了……

点评　没有答案，而是调动读者的想象力。

## 熬得住吗？

森林年的最后一个月到来了。这是最艰难的一个月，是忍冬盼春月。

森林居民的粮食储备已所剩无几，飞禽走兽日渐消瘦，皮下保暖的脂肪也已消耗殆尽。长时间半饥半饱的生活消耗了它们太多体力。

与此同时，好像故意跟它们作对似的，森林里又刮起了暴风雪，天气也变得愈发寒冷。已是冬天最后一个

点评　真是天公不作美，让大家原本难过的日子雪上加霜。

月，竟突然又冷得出奇。现在，所有动物都在艰难度日，要靠最后一点体力熬到春天到来。

我们的记者在森林里走了一圈。有一件事令他们忧心忡忡：这些飞禽走兽到底能否熬到天气转暖？

字词释义

忧心忡(chōng)忡：形容心事重重，非常忧愁、担心。

在森林里，记者们瞧见了很多令人心痛的场面。一些森林居民因扛不住寒冷和饥饿而丧了命，而剩下的动物还能再熬过一个月吗？当然，也有一些动物不用我们担心，它们肯定死不了。

## 冰 壳

最可怕的事情是：天气转暖、积雪开始融化后，又突降寒流。那样的话，雪面就会结上一层冰。这层冰壳很结实，又硬又滑，用柔嫩的爪子刨不开，用尖尖的嘴也啄不透。狍子的蹄子倒是能踢开冰壳，但被踢裂的冰像刀子一样锋利，会划破蹄子上的皮毛和肉。

点评

先正面描写冰壳的特点，后侧面描写冰壳棘手、难以应对，从而突出寒流给大家带来的生活难题。

鸟儿们怎样才能吃到冰下的草和谷粒呢？

如果无法打破这层冰壳，就只能挨饿。

而这样的事情时有发生。

天气回暖，地上的雪变得潮湿而松软。傍晚，一群灰山鹑落下来，轻轻松松地在雪地上打了几个小洞，在潮热的雪堆里睡着了。

夜里，寒冷骤然降临。

> 点评
> 一场看不见的危险在悄悄逼近灰山鹑。

灰山鹑睡在温暖的雪堆里，没感到寒冷，也没有醒来。

直到早上，灰山鹑才醒来。雪下得十分温暖，就是呼吸有些困难。

> 点评
> 因为洞口被冰壳封住了，新鲜空气进不来。

得出去走走，呼吸一下新鲜空气，舒展一下翅膀，找点吃的。

它们想飞出去，头顶却有一层像玻璃一样结实的冰。

这是积雪表面冻了一层冰壳。冰上什么也没有，下面就是松软的雪。

灰山鹑用头去撞上面的冰壳，撞得头破血流。

无论如何也得逃脱这个冰罩子。如果最终能逃出这个冰牢，就算是饿肚子，也是幸运的。

> 点评
> 在窒息和饥饿之间选择，饥饿比窒息更好受一些。

### 瞌睡虫

在托斯纳河岸边离十月铁路萨博里诺站不远的地方，有一个大山洞。早些年，人们在那里挖沙子，而现在已经少有人去了。

我们的记者去过这个山洞，发现洞顶有很多蝙蝠，主要是大耳蝠和北棕蝠。它们头朝下、爪子倒钩在粗糙

的岩顶，已经在这里睡了五个月。

大耳蝠把自己的大耳朵藏在折起的翅膀下面，那翅膀就像毛毯一样包裹着它们的身体。它们就这样倒挂着一直沉睡。

它们睡了这么久，我们的记者不禁担心起来。于是，他们给这些蝙蝠测了测脉搏，量了量体温。

夏天，蝙蝠的体温和人类一样，都是37℃左右，脉搏是每分钟200下。

而现在，蝙蝠的体温只有5℃，脉搏每分钟50下。

尽管如此，这些小瞌睡虫的健康状况依然良好，没有任何生命危险。

这些蝙蝠可能还要尽情地睡上一两个月，等夜间温度升高了，它们就会健健康康地醒来。

**知识锦囊**

蝙蝠是倒着睡觉的。这是因为在长期的进化中，蝙蝠的后肢变得很小，因此，蝙蝠不会走路，只能靠前肢爬行，速度又慢又笨拙。由于后肢短，它们也不会跳跃。蝙蝠选择在高处休息，这样既可以躲避天敌，又能迅速起飞。

## 急不可耐

只要严寒稍稍过去，出现一些回暖的迹象，森林里就会有各种各样的小东西按捺不住自己的兴奋，从积雪下爬出来，有蚯蚓、潮虫，有蜘蛛、瓢虫，还有叶蜂的幼虫。

地面上有一些倒下的树木，下面的积雪常被暴风吹得干干净净。在那些没有雪的地方，便成了这些小生命

**点评**

动物对气温的感知能力比人类灵敏。

的游乐场。

昆虫们活动活动麻木的小腿儿，蜘蛛四处觅食，还没长出翅膀的小蚊子赤着脚在雪地上跑来跑去、蹦蹦跳跳，而有翅膀的长腿舞虻则在空中盘旋飞舞。

> **点评**
>
> 真没想到，在我们人类肉眼不可见的微观世界里，有那么多不可思议的精彩生活。以后，我们要多留意欣赏一下它们的生活。

一旦天气变冷，这欢快的场面便结束了。这些小家伙纷纷躲藏在落叶下、苔藓里、草丛里，或者干脆钻到地下。

## 缴械投降

森林里的勇士麋鹿及雄性狍子都褪去了犄角。

> **请思考**
>
> 为什么麋鹿和雄性狍子会在这个时节褪去自己的犄角呢？

麋鹿自己去除了头上那“沉甸甸的武器”，缴械投降了：它不停地在树干上把蹭着犄角，最终把它蹭掉了。

两匹狼发现了一只没了武器的麋鹿，决定偷袭它。它们觉得肯定会轻而易举地取胜。

这两匹狼，一只从前头扑向麋鹿，另一只从后头进攻。

出乎意料的是，战斗很快就结束了。麋鹿用它坚实有力的前蹄一下子踢碎了前面那匹狼的头盖骨，然后瞬间转头，把另一匹狼撞翻在雪地上。

> **点评**
>
> 原来麋鹿的武器不仅仅是犄角啊，还有它的蹄子呢。怪不得战斗力这么强。

这匹狼虽侥幸活了下来，但遍体鳞伤，勉强才从敌

人的身边逃脱。

最近一段时间，老麋鹿和公狍子都长出了新犄角，只是这些新犄角表面还覆盖着皮毛，看上去还只是一些硬硬的包。

## 冰窟窿里探出的小脑袋

一个渔民走在涅瓦河口芬兰湾的冰面上。当他走过一个冰窟窿时，发现冰下探出一个光溜溜的小脑袋，上面还有几根硬胡须。渔民以为这是一个溺水的人；但这个小脑袋突然转向了他。渔民这才看清楚，这是一只长着胡子的动物脑袋。它的皮肤紧绷绷的，毛很短，皮毛闪着亮光。有那么一瞬间，它那两只闪闪发光的眼睛直直地盯着渔民的脸。之后，水声四溅，这个小脑袋消失在冰面之下了。

直到这时，渔民才反应过来，他刚才看见了一只海豹。

海豹通常在冰下捕鱼，只是偶尔才会将脑袋伸出水面，呼吸点儿新鲜空气。

冬天，在芬兰湾，渔民常常捕杀那些从冰窟窿里爬上冰面的海豹。

有时，海豹会追着鱼群一直游入涅瓦河。拉多加湖

**读书笔记**

**外貌描写**

描写了海豹从冰层伸出脑袋时的样子，非常细腻，皮肤、毛和光泽都涉及了。憨态可掬，活灵活现，惹人喜爱。

**请思考**

你喜欢海豹这种动物吗？关于它们的习性，你了解多少？

的海豹数不胜数，那里成了真正的海豹捕猎场。

## 冰盖之下

关心一下鱼吧。

冬天，鱼儿们一直睡在水底的深坑里，它们的头顶是一层坚硬无比的冰盖。冬末二月份的时候，池塘里、森林的湖泊里常常会出现缺氧的情况。喘不过气来的鱼儿们会游到上面，拼命张大嘴，去够冰盖下出现的小气泡。

由于缺氧，有时，鱼类会大批死亡。那样的话，当春天来临，冰雪消融，你带着钓鱼竿来湖边钓鱼时，就会一无所获。

所以，要记着关心一下鱼儿，在池塘、湖泊的冰面上凿几个窟窿，并留意别让这些窟窿重新冻上。这样，鱼儿就能顺畅地呼吸了。

**知识锦囊**

鱼在水中是怎样呼吸到氧气的？这是因为氧气有一小部分溶于水，鱼借助特别的器官（鳃小片的微血管）就可以把溶解在水中的氧气分离出来吸收。

# 城市新闻

## 当街斗殴

城市里，人们已经感觉到春天的脚步越来越近了，因为街上时常发生一些特殊的“斗殴”事件。

大街上的麻雀毫不在意路上的行人，肆无忌惮地打在一起。它们啄对方的后脖颈，弄得麻雀毛四处乱飞。雌雀并不参与打架事件，但也并不制止雄雀的行为。

每晚屋顶上都有猫在打架，在打斗过程中，甚至有时其中一方会一个跟头从高层楼顶跌下来。当然，灵巧的猫不会摔死，它会四脚平安着陆，顶多瘸上一阵子。

**点评**

春天的脚步越来越近了，动物的活力也开始恢复了，心情也愉悦起来，更喜欢活动了。所以，“斗殴”事件也多了起来。

## 修建房屋

在整个城市里，都在进行着房屋的修建工作。

年长的老乌鸦、寒鸦、麻雀和鸽子都在忙着整修自己去年的老巢；而去年夏天才出生的年轻一代则忙着给自己建造新巢。建筑所需材料，如树杈、干草、有韧性的树枝、细柳条、马毛、鸟的绒毛和羽毛等，一下子变得紧缺起来。

**点评**

不仅斗殴事件多了，动物世界的建筑业也开始繁盛，建材市场需求旺盛。

## 城市交通新闻

一个圆形标识挂在一栋拐角楼房上，中间有一个黑色三角形，三角形里是两只雪白的鸽子。

**点评**

说明这个标识挂的位置非常醒目，这样才能发挥标识的警示作用。

这个标识的意思是：小心，有鸽子！

司机看到这个标识，在拐弯时就会减速，然后，小心翼翼地绕过一大群鸽子。这些鸽子密密麻麻地挤在马路上，有灰蓝色、白色、黑色、咖啡色等。一些大人和孩子站在人行道上，给它们投食面包渣和米粒。

“小心，有鸽子！”这个交通警示牌最早出现在莫斯科，是应女中学生托尼娅·科尔金娜的请求悬挂的。现在，此类标识也出现在列宁格勒和其他大城市里。在这些城市里，一边是繁忙的交通，一边则是大人孩子们

正在当街喂鸽子并观赏这些代表和平的鸟儿。

向爱护鸟类的人们致敬！

**点评**

爱护动物就是爱人类自己，就是爱护自然。这样的善举值得在全世界各个角落推广。爱护动物，从自身做起，从现在开始，让我们多爱护鸟类和动物吧。

## 雪埋的童年

天气转暖，地面解冻，我出去挖了些土用来栽花，并顺路看了看专为鸟儿种植的园子。

我在那里给金丝雀种了些繁缕。金丝雀非常喜欢吃繁缕那鲜嫩多汁的绿叶子。

想来，你们是知道繁缕的吧？它长着小小的、浅色的叶子，勉强能看得见的白色小花，还有总是相互缠绕在一起的柔嫩茎蔓。

**请思考**

你知道繁缕是什么吗？你能想到它是植物吗？也许，在你们当地，它有另外的名字呢。

繁缕紧贴地面生长，你若稍一疏忽对园子的料理，它们就会爬满各个田垄。

秋天，我撒了些繁缕种子；但由于种得太晚，它们才刚刚钻出地面，还没来得及生长，就被雪埋住了。当时，它们只有一根细细的茎和两片子叶。

我没敢奢望它们能活下来。

但结果如果呢？我看见它们不仅熬过了冬天，甚至还长大了。现在，它们已经不再是当初的那些幼苗了，变成了真正的植物、真正的繁缕。一些繁缕上甚至还有了花蕾呢！

**请思考**

种子的力量就是这么惊人。关于植物的生命力，你还见识过哪些？请说出你身边的植物生命力故事。

真让人吃惊啊！这可是大冬天的积雪下面！

巴甫洛娃

## 回归故里

《森林报》编辑部收到一些来自世界各地的好消息。这些消息分别来自埃及、地中海沿岸、伊朗、印度、法国、英国和德国。消息的内容是：我们的候鸟已经从那里动身，踏上了归乡之旅。

它们不紧不慢地飞着，一点点占领褪去积雪和寒冰的陆地及水面。我们预计，当这里冰雪开始融化，河流开始解冻时，它们就该飞回来了。

**点评**

这说明，在全世界范围内，春天的气息都越来越浓了。

**我的笔记**

### 拓展训练

1. 关于蝙蝠的特征和习性，还有很多没有提及的知识点，请你全面了解，然后制作一个关于蝙蝠习性的“知识锦囊”。

2. 很多人读完“熊窝惊魂”的报道，内心久久不能平静。你的感受是什么？请写一篇读后感。

# 神奇的大自然
## ——读《森林报》有感

深圳市福田区东海实验小学四（5）班 冯楚媛

寒假里，我读过的最有意思的一本书就属《森林报》。它的作者是苏联作家维·比安基。《森林报》既是一本科普书，又是一本精彩的文学书。

一打开这本书，我就好像进人了一片生机勃勃的森林……3月，秃鼻乌鸦从南方飞回，揭开了森林之春的序幕；6月，花草开始贮存阳光，百鸟忙着筑巢和下蛋；9月，候鸟悄然远行，槭树的翅果在风中急寻归宿；12月，森林和大地都盖上了厚厚的雪被，万物归零的季节来了……

冬的忧伤，春的快乐，夏的蓬勃，秋的多彩。森林里的一年四季，充满生机且趣味盎然。书中，我印象最深的就是《林中大战》，让人想不到的是，主角竟都是植物。它们不仅在地面上你争我夺着阳光，在地下的根茎也是你缠我绕，进行着永无止境的殊死搏斗，直到那里被砍伐过后，战争才会暂时结束。不过用不了多久，等这片采伐迹地接收到各种植物种子后又会开始新一轮战争，真是让人惊叹不已。

你瞧，大自然中每一年都在上演生命轮回的故事，有惊喜也有感动，有沉闷也有伤感……所有的动植物都有自己的生存法则，它们要在自然界中学会如何在危机四伏的环境下生存，担负起繁衍子孙后代的神圣使命。它们与人类一样，也是鲜活的、值得被尊重的生命。

《森林报》不仅带领我探究了大自然的种种奥秘，感受到大自然的神奇和美好，还使我懂得了人类应该要与大自然和谐相处。我们应该学会尊重生命，保护环境。

指导老师：姜　文

# 感　恩

## ——读《森林报》随笔

深圳市福田区东海实验小学四（7）班　王子慧

高尔基曾经说过：“我扑在书上，就像饥饿的人扑在面包上一样。”《森林报》让我有了和高尔基一样的深刻体验，它既生动又充满神秘色彩，既丰富又充满静谧的味道，整个寒假我看得如痴如醉，仿佛跟着它进行了一场大自然的旅行！

《森林报》的作者是维·比安基，苏联著名儿童科普家和儿童文学家，有“发现森林第一人”之称。《森林报》用报刊形式介绍了不同季节的变化，它描述了春的生机与快乐，夏的热闹与蓬勃，秋的丰富与多彩，冬的神秘与忧伤。《森林报》是大自然的代言人，是精灵们演奏的交响乐，更是整个森林王国的欢乐盛宴。它带领我们深入探寻了大自然无穷无尽的奥秘，展现了森林的壮观与神奇，让我们更加了解和热爱大自然。

在“冬眠苏醒月”“候鸟回乡月”等十二个月中的风景画中，每幅画都有不同情节的故事吸引着我，每幅画都刻画了不同的动物特点和细节，其中给我印象最深刻的是“小鸟出生月”中的一篇报道！这篇报道讲述了一只杜鹃妈妈把自己的蛋下到了鹡鸰夫妇的窝中，然后一走了之了的故事。当小鹡鸰和小杜鹃出生时，小杜鹃为了减少自己的生存竞争力，竟然把自己所有的好兄弟小鹡鸰给推下了巢，巢里只剩下自己，好让鹡鸰夫妇养活它。看到这里，我后背发凉，直冒冷汗，开始憎恨小杜鹃，心里暗暗地骂小杜鹃残忍，同时也为动物界里强大的生存竞争力所震撼。当鹡鸰夫妇把小杜鹃喂养大以后，小杜鹃竟然丢下鹡鸰夫妇自己飞走了。看到这里，我为小杜鹃的冷漠感到失望，为小杜鹃的无情感到愤怒，也为鹡鸰夫妇辛苦养育小杜鹃却没有得到回报而感到失落和遗憾！这时，我忽然觉得，人之所以为人，与动物最大的区别，就是带着感恩的心去生活，感恩自然界给予我们生存的资源，感恩国家给予我们和平的环境，感恩父母给予我们富足的生活，我们绝不能像杜鹃那样冷血无情，要活得有温度，活得有意义。

通过阅读《森林报》，我不仅看到了大自然的奇妙，也感受到了作者细致入微的观察和体会。高尔基也说过："书籍是人类进步的阶梯。"勤读书、多读书，与书为友，与书相伴……

指导老师：雷 湘